Brahim Dennai

Simulation mathematique de l'injection dans un moteur diesel

Brahim Dennai

Simulation mathematique de l'injection dans un moteur diesel

Etude de l'influence de certains facteurs sur l'injection

Presses Académiques Francophones

Impressum / Mentions légales

Bibliografische Information der Deutschen Nationalbibliothek: Die Deutsche Nationalbibliothek verzeichnet diese Publikation in der Deutschen Nationalbibliografie; detaillierte bibliografische Daten sind im Internet über http://dnb.d-nb.de abrufbar.

Alle in diesem Buch genannten Marken und Produktnamen unterliegen warenzeichen-, marken- oder patentrechtlichem Schutz bzw. sind Warenzeichen oder eingetragene Warenzeichen der jeweiligen Inhaber. Die Wiedergabe von Marken, Produktnamen, Gebrauchsnamen, Handelsnamen, Warenbezeichnungen u.s.w. in diesem Werk berechtigt auch ohne besondere Kennzeichnung nicht zu der Annahme, dass solche Namen im Sinne der Warenzeichen- und Markenschutzgesetzgebung als frei zu betrachten wären und daher von jedermann benutzt werden dürften.

Information bibliographique publiée par la Deutsche Nationalbibliothek: La Deutsche Nationalbibliothek inscrit cette publication à la Deutsche Nationalbibliografie; des données bibliographiques détaillées sont disponibles sur internet à l'adresse http://dnb.d-nb.de.

Toutes marques et noms de produits mentionnés dans ce livre demeurent sous la protection des marques, des marques déposées et des brevets, et sont des marques ou des marques déposées de leurs détenteurs respectifs. L'utilisation des marques, noms de produits, noms communs, noms commerciaux, descriptions de produits, etc, même sans qu'ils soient mentionnés de façon particulière dans ce livre ne signifie en aucune façon que ces noms peuvent être utilisés sans restriction à l'égard de la législation pour la protection des marques et des marques déposées et pourraient donc être utilisés par quiconque.

Coverbild / Photo de couverture: www.ingimage.com

Verlag / Editeur:
Presses Académiques Francophones
ist ein Imprint der / est une marque déposée de
OmniScriptum GmbH & Co. KG
Heinrich-Böcking-Str. 6-8, 66121 Saarbrücken, Deutschland / Allemagne
Email: info@presses-academiques.com

Herstellung: siehe letzte Seite /
Impression: voir la dernière page
ISBN: 978-3-8381-4467-2

Copyright / Droit d'auteur © 2014 OmniScriptum GmbH & Co. KG
Alle Rechte vorbehalten. / Tous droits réservés. Saarbrücken 2014

SIMULATION MATHEMATIQUE DE L'INJECTION DANS UN MOTEUR A ALLUMAGE PAR COMPRESSION ET L'ETUDE DE L'INFLUENCE DE CERTAINS FACTEURS SUR L'INJECTION

Dr. DENNAI Brahim

SIMULATION MATHEMATIQUE DE L'INJECTION DANS UN MOTEUR A ALLUMAGE PAR COMPRESSION ET L'ETUDE DE L'INFLUENCE DE CERTAINS FACTEURS SUR L'INJECTION

Résumé :

Pour un moteur puissant, moins polluant et économique, l'injection joue un rôle très important, pour cela, il faut faire un choix convenable d'un système d'injection.

L'objectif principal de ce travail, en première partie, est de développer une simulation mathématique de l'injection, en se basant sur l'équation du mouvement et l'équation de la continuité, pour arriver finalement à des équations différentielles qui sont par la suite résolues par les méthodes numériques. Et d'étudier l'influence de certains facteurs sur les caractéristiques de l'injection du combustible, dans une deuxième partie.

Summary :

For a powerful motor, less polluting and more economic, the injection plays a very important role, for it, it is necessary to make an appropriate choice of an injection system.

The main objective of this work, in first part, is to develop a mathematical simulation of the injection, on the base of the equation of the movement and the equation of the continuity, and than to obtain some differential equations which are resolved by numerical methods. And, to study the effect of certain factors influence on features of the injection of the fuel, in a second part

SIMULATION MATHEMATIQUE DE L'INJECTION DANS UN MOTEUR A ALLUMAGE PAR
COMPRESSION ET L'ETUDE DE L'INFLUENCE DE CERTAINS FACTEURS SUR L'INJECTION

SOMMAIRE

INTRODUCTION GENERALE..5

PREMIERE PARTIE - ETUDE DE L'INJECTION –

CHAPITRE I – ORGANISATION ET PARAMETRES DU SYSTEME DE L'INJECTION –

I.1- Introduction...6

I.2- Les paramètres principaux de l'injection...8

I.2.1- La pression de l'injection...8

I.2.2- Caractéristique différentielle de 'injection..8

I.2.3- Caractéristique intégrale de l'injection..9

I.2.4- La délivrée cyclique du combustible...9

I.3- La pompe d'injection et les autres organes du système d'injection............................9

   I.3.1- Pompe d'injection..9

I.3.1.1- Organes et principe de fonctionnement de la pompe d'injection en ligne...........11

I.3.1.1.1- Les organes de la pompe d'injection...11

I.3.1.1.2- Le principe de fonctionnement de la pompe d'injection...................................12

I.3.1.2- Caractéristiques dimensionnelles d'une pompe d'injection.................................14

I.3.1.3- Loi de refoulement de la pression dans la pompe..16

I.3.1.4- Technologie de la pompe d'injection...20

   I.3.2- L'injecteur..22

I.3.2.1- Les caractéristiques principales de l'injecteur..22

I.3.2.2- Fonctionnement élémentaire de l'injecteur..24

CHAPITRE II – LES PHENOMENES HYDRODYNAMIQUES DE L'ENSEMBLE
POMPE-TUYAUTERIE-INJECTEUR –

II.1- Introduction..25

II.2- Instabilité des aiguilles d'injecteur..25

II.3- Situation entre début de refoulement pompe et début de l'injection
dans le cylindre..26

II.3.1- Front de combustible et onde de pression...26

II.3.2- La poussée de refoulement..29

II.3.3- Fermeture de l'injecteur...29

II.3.4- Injection secondaire tardive ou post-injection...30

II.3.5- Formation de poches gazeuses dans la tuyauterie...31

CHAPITRE III - L'EFFET DES FACTEURS REPRESENTATIFS DE L'INJECTION –

III.1- L'effet de la buse d'injecteur..33

III.2- L'effet de l'injecteur...34

III.2.1- Condition de l'écoulement..34

III.2.2- Section des orifices...35

III.3- L'effet de la longueur de la tuyauterie...36

III.4- Influence de la pression d'injection sur le développement du jet.......................36

III.5- Influence des dimensions de l'orifice de l'injecteur sur le développement du jet........38
III.5.1- Injecteur à trous multiples..38
III.5.2- Injecteur à trou unique ou à téton...39
III.6- Influence de la vitesse de rotation sur le développement du jet..........................40
III.7- L'effet de la suralimentation...40

DEUXIEME PARTIE - SIMULATION ET ANALYSE DE L'EFFET
DE CERTAINS FACTEURS DE L'INJECTION –

CHAPITRE IV – MODELE MATHEMATIQUE DE SIMULATION HYDRODYNAMIQUE DE L'INJECTION –

IV.1- Introduction..60
IV.2- Le modèle mathématique de simulation..60
IV.2.1- La conduite à haute pression...43
IV.2.2- La pompe d'injection et le raccord..44
IV.2.3- La clapet de refoulement...45
IV.2.4- L'injecteur...45
IV.2.5- Les données et les résultats de calcul..47

CHAPITRE V - L'ETUDE DE L'EFFET DE DIVERS FACTEURS SUR LES CARACTERISTIQUES DE L'INJECTION–

V.1- Introduction 60
V.2- L'influence des volumes des enceintes sur la caractéristique de
l'injection 60
V.3- L'effet du cylindre, du piston de la pompe et de la came,
durant l'injection 63
V.4- L'effet du clapet 64
V.5- L'effet de la conduite de refoulement sur la caractéristique
de l'injection 66
V.6- L'influence de la vitesse de rotation de la pompe sur l'injection 68

CONCLUSION GENERALE 70
REFERENCES BIBLIOGRPHIQUES 72

INTRODUCTION GENERALE

Le moteur à allumage par compression nécessite une alimentation rigoureusement dosée en combustible, au moment précis et pendant un laps de temps très court se situant en fin de compression dans le cylindre.

Si la pression de l'injection et les caractéristiques de la pulvérisation restent à la charge de l'injecteur et de son réglage, la distribution en temps voulu, en quantité nécessaire et sous pression suffisante pour en garantir le fonctionnement, est assurée par la pompe d'injection.

C'est également aux organes annexes de la pompe de répondre aux exigences des différentes conditions d'utilisation du moteur, c'est-à-dire : assurer l'arrêt du moteur, le ralenti, éventuellement, la surcharge au démarrage, le débit en marche normale et suivant le couple demandé au moteur, la limite du débit maximum compatible avec la quantité d'air comburant admis dans les cylindres [19].

Dans ce travail, l'étude est consacrée aux systèmes d'injection, composés d'une pompe à piston plongeur, d'une conduite et d'un injecteur à trous, qui sont les plus utilisés dans les moteurs diesels. Elle est devisée en deux parties :

La première partie est une étude approfondie sur l'injection. Elle est structurée en trois chapitres. Le premier chapitre est consacré à l'organisation et aux paramètres du système de l'injection. Le deuxième chapitre discute les phénomènes hydrodynamiques de l'ensemble pompe - tuyauterie - injecteur. Les facteurs représentatifs qui influencent l'injection, représentent le contenu du troisième chapitre.

La deuxième partie est une simulation mathématique de l'injection et une analyse de l'effet de certains facteurs sur l'injection. Cette partie est structurée en deux chapitres. Le premier qui est en réalité le quatrième est un modèle mathématique de simulation hydrodynamique de l'injection. Le deuxième qui est donc le cinquième chapitre est une étude de l'effet de divers facteurs sur les caractéristiques de l'injection.

Le travail se termine par une conclusion, et une très riche liste de références bibliographiques, qui permet d'approfondir les connaissances dans ce sujet.

CHAPITRE - I -
ORGANISATION ET PARAMETRES DU SYSTEME DE L'INJECTION

I.1- INTRODUCTION

Le système d'injection a pour objet d'assurer l'introduction du combustible dans le cylindre, il doit alors :
- mesurer une quantité donnée de combustible ;
- refouler cette quantité suivant une loi donnée, sans que les pressions provoquées par ce refoulement soient excessives ;
- introduire cette quantité dans le cylindre du moteur, à partir d'un instant donné et durant un temps donné ;
- répartir cette quantité, introduite en un état pulvérisé donné, en un temps extrêmement court.

L'injection est un phénomène complexe, pour deux raisons :
- En fonction de l'espace, l'étalon de longueur étant le millimètre. Le processus doit conduire à des jets de gouttelettes, se trouvant en chaque point dans un état donné de pulvérisation, dont la direction, la longueur et la forme ont été déterminées au cours des essais.
- En fonction du temps, l'étalon de temps étant le dix millième de seconde. Le processus doit conduire à une loi d'introduction d'une quantité donnée de combustible par degré de rotation du vilebrequin, sachant que la combustion doit commencer au point mort haut et se prolonger jusqu'à 40 à 60 degrés au delà. Du fait du délai d'inflammation, l'instant du début d'injection se situe nettement avant le PMH, la durée d'injection, fonction du type de chambre de combustion et du couple demandé, varie de 10 à 15 jusqu'à 30 à 40 degrés de rotation du vilebrequin.

En régime d'injection stabilisé, la masse de combustible (Q) sortant de l'injecteur par unité de temps est égale à celle qui est refoulée par la pompe. La vitesse d'éjection, laquelle doit être élevée pour que la pulvérisation soit bonne est donc $\dfrac{Q_v}{A_{in}}$.

(A_{in}) : étant la section totale des orifices de l'injecteur.

Du fait de leurs dimensions et du fait de la vitesse d'éjection, ces orifices sont assimilables à un orifice en mince paroi, la vitesse d'éjection est donc proportionnelle à P :

$$\sqrt{\frac{2}{\rho}(P_{amont} - P_{aval})} \qquad (\text{I.1})$$

(ρ) : étant la densité du combustible.

Le coefficient de proportionnalité, ou coefficient de décharge est voisin de 0,61. On a donc :

$$P_{amont} - P_{aval} = \frac{\rho}{2}\left(\frac{Q}{A_{in}.0,61}\right)^2 \qquad (I.2)$$

On pourrait donc théoriquement calculer l'évolution de la pression du combustible au sein de l'injecteur, étant donné que la pression aval (P_{cy}) est la pression de l'air régnant dans la cylindre. En fait, cette pression amont (P_{in}), variable suivant le type de moteur, est de l'ordre de 10 à 120 MPa et même plus.

Tout changement d'état de contrainte se produisant dans un milieu compressible se propage par des ondes qui communiquent ce changement d'état au milieu tout entier, la vitesse de propagation est la vitesse que possède le son au sein du milieu.

De même lorsqu'un fluide en état de repos est perturbé en un endroit quelconque, la perturbation se propage dans le fluide avec la vitesse que possède le son au sein de ce fluide. Pour un fluide donné, cette vitesse varie avec la pression et la température que possède le fluide.

Un tel phénomène se produit lorsque la pompe d'injection commence à refouler : à l'instant (t_0) une onde de pression s'élance dans le combustible qui, sous pression résiduelle (P_{res}) faible, est enfermé entre la pompe et l'injecteur. La vitesse de propagation de cette onde est :

$$c = \sqrt{\frac{\varepsilon}{\rho}} \qquad (I.3)$$

(ε) : étant le module de compressibilité du fluide
(c) : la célérité

Derrière ce front d'onde de pression, la pression continue à croître puisque, à chaque instant, le refoulement de la pompe modifie l'état antérieur et provoque la propagation d'un front de combustible, front dont la vitesse dépend du débit de la pompe et du diamètre du tuyau. Au temps (t), la pression (P) et la vitesse (u) régnant à une distance (x) du point de départ, sont liées par la relation découlant de la loi de la conservation de la quantité de mouvement :

$$-\frac{1}{\rho.c^2}\cdot\frac{\partial p}{\partial t} = \frac{\partial u}{\partial x} \qquad (I.4)$$

Lorsque cette onde arrive sur les parois terminales de l'injecteur, elle s'y réfléchie et revient vers la pompe. On se trouve donc en présence de deux équations générales :

$$P_{co} = P_{res} + Q_1(t-\frac{x}{c}) + Q_2(t+\frac{x}{c}) \qquad (I.5)$$

$$u_{co} = u_{res} + \frac{Q_1}{\rho.c}(t-\frac{x}{c}) - \frac{Q_2}{\rho.c}(t+\frac{x}{c}) \qquad (I.6)$$

(P_{co}) : la pression du combustible dans la conduite,

(P_{res}): la pression résiduelle du combustible,

(u_{co}): la vitesse de déplacement du combustible dans la conduite,

(u_{res}): la vitesse résiduelle de déplacement du combustible, (avec $u_{res}=0$ lorsque le combustible est au repos),

(Q_1): fonction de l'onde de refoulement de la pompe,

(Q_2): fonction de l'onde de retour.

Le sens positif du déplacement étant dans le sens pompe - injecteur.

On conçoit donc, l'importance du rôle joué par la tuyauterie reliant la pompe et l'injecteur, même en supposant négligeables, la dilatation de cette tuyauterie et les frottements qui y règnent.

Au total, la pression et la vitesse du combustible sont éminemment variables durant le temps du processus d'injection, la pression maximale se situe dans la pompe d'injection en étant fonction de la loi d'injection, des caractéristiques du tuyau et de la pression maximale à l'entrée des orifices de l'injecteur.

I.2- LES PARAMETRES PRINCIPAUX DE L'INJECTION

Les paramètres qui caractérisent l'injection sont :
- La pression de l'injection.
- La quantité du combustible injecté, en fonction du temps ou de l'angle de rotation de l'arbre de la pompe d'injection.
- Le début et la durée de l'injection.
- L'évolution de la pression de l'injection.

I.2.1- La pression de l'injection

La pression de l'injection, est la pression avec laquelle le combustible arrive dans la chambre de combustion.

La pression de l'injection et les sections de passage dans le pulvérisateur changent de valeur, lors de l'injection. La vitesse du combustible à travers les orifices de l'injecteur, et la quantité de combustible injectée, aussi changent. La quantité de combustible peut être représenté sous forme différentielle et intégrale.

I.2.2- Caractéristique différentielle de l'injection

C'est la relation du débit volumique ou massique du combustible introduit, à travers l'injecteur, en fonction du temps (τ) ou de l'angle de rotation (θ).

- En fonction du temps :

$$Q_{in} = \frac{dV_{in}}{d\tau} = f(\tau) \tag{I.7}$$

En fonction de l'angle de rotation :

$$Q_{in} = \frac{dV_{in}}{d\theta} = f(\theta) \quad (I.8)$$

avec : (Q_{in}) : débit volumique du combustible introduit à travers l'injecteur.

(V_{in}) : volume du combustible introduit depuis le début de l'injection.

En désignant respectivement par (θ_{db}) et (θ_{fn}) le début et la fin de l'injection. La durée de l'injection $(\Delta\theta_{in})$ est donc donnée par l'expression suivante :

$$\Delta\theta_{inj} = \theta_{fn} - \theta_{db} \quad (I.9)$$

I.2.3- Caractéristique intégrale de l'injection

La caractéristique intégrale de l'injection représente la quantité du combustible introduit à travers l'injecteur, à partir du début de l'injection (τ_{db}), (θ_{db}) jusqu'à un moment donnée (τ), (θ) de l'injection :

$$V_{in} = \int_{\tau_{db}}^{\tau} f(\tau)d\tau = \int_{\theta_{db}}^{\theta} f(\theta)d\theta \quad (I.10)$$

I.2.4- La délivrée cyclique du combustible

En intégrant l'expression (I.10) du début de l'injection jusqu'à la fin, on obtient ainsi la quantité (V_{cyc}) du combustible introduit durant une injection, qui est appelée délivrée cyclique du combustible. La valeur de (V_{cyc}) varie en fonction des régimes de vitesses et de charges du moteur. Elle est mesurée en unité de volume. Sachant la densité du combustible (ρ), il est possible de calculer la délivrée cyclique en unité de masse, par :

$$Cs_{cyc} = \rho \cdot V_{cyc} \quad (I.11)$$

I.3- LA POMPE D'INJECTION ET LES AUTRES ORGANES DU SYSTEME D'INJECTION

I.3.1- Pompe d'injection

La pompe d'injection dose la quantité de carburant requise par la charge imposée au moteur. Peu avant le PMH, pour une position angulaire précise du piston moteur, elle distribue cette quantité à l'injecteur, sous pression élevée (10 à 35 MPa pour les moteurs à chambre de combustion divisée, jusqu'à 180 MPa pour les moteurs à injection directe). Enfin, elle optimise la durée d'injection, spécifique du procédé de combustion.

Une pompe en ligne peut être utilisée dans des moteurs de voitures particulières, comme dans des moteurs de véhicules utilitaires, tracteurs, véhicules industriels ou encore dans des moteurs stationnaires. Elle comporte pour chaque cylindre du moteur, un élément de pompage constitué d'un cylindre et un piston. Comme le montre la figure (I.1) [19], le piston est déplacé dans le sens du refoulement grâce à un arbre à came entraîné par le moteur ; il est ramené en position initiale à l'aide d'un ressort. La course de ce piston est invariable. Le débit de refoulement du carburant est donc modulé par variation de la course utile, obtenue par rotation du piston au moyen d'un manchon denté entraîné par une crémaillère reliée à la pédale d'accélérateur. Compte tenu de l'étanchéité sans joints, nécessaire aux pression d'injection élevées, l'ensemble piston – chemise est réalisé avec une précision très fine, caractérisée par un jeu de l'ordre de trois micromètres.

Le piston se déplace de bas en haut ; il décrit, à chaque rotation de l'arbre à came, l'intégralité de la course et accomplit une séquence d'aspiration et de refoulement. Au PMB, le carburant pénètre dans la chambre de compression par l'orifice d'admission. Lorsque le piston remonte, l'orifice d'admission est masqué, le carburant est alors peu à peu comprimé dans la chambre haute pression jusqu'à entraîner l'ouverture du clapet de refoulement. Ce phénomène engendre une onde de pression qui se dirige alors, à la vitesse du son, vers l'injecteur. Lorsque le niveau de pression d'ouverture de l'injecteur est atteint, l'aiguille se soulève de son siège en libérant l'orifice de sortie du carburant. Le refoulement est terminé dés que l'orifice de décharge est démasqué : la pression régnant dans la chambre haute pression de la pompe baisse et le clapet de refoulement se ferme.

Notons que le début du refoulement est constant, tandis que la fin dépend da la quantité de carburant injecté.

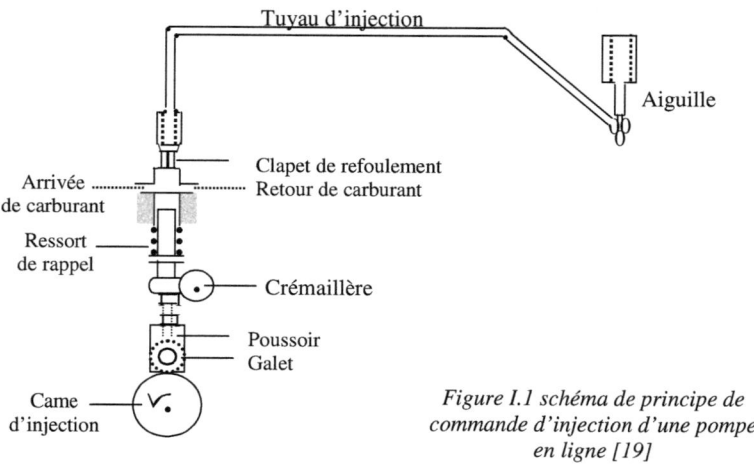

Figure I.1 schéma de principe de commande d'injection d'une pompe en ligne [19]

Afin notamment de rendre moins polluants les véhicules utilitaires, une nouvelle génération de pompe d'injection en ligne dite « à tiroir », a été mise au point. Ce type de pompe présente deux particularités intéressantes :
- Génération de pressions d'injection élevées (jusqu'à 180 MPa).
- Correction aisée et précise des dates de début d'injection. Contrairement à une pompe en ligne classique, la correction du début d'injection est largement indépendante du débit et exige peu d'énergie. En outre, ces nouvelles pompes présentent l'avantage d'être régulées de manière électronique.

I.3.1.1- Organes et principe de fonctionnement de la pompe d'injection en ligne
I.3.1.1.1- Les organes de la pompe d'injection

- **Piston:**

Le diamètre du piston définit le débit maximum demandé. La taille de la rampe peut être réalisée de différentes manières et permettre ainsi des fonctions particulières telles que par exemple :

◊ Rampe auto avance, cette disposition permet d'avancer le début d'injection au fur et à mesure que le débit augmente.

◊ Encoche de retard, cette disposition permet, lorsque le piston est en position surcharge – démarrage, de retarder le début d'injection.

- **La came:**

Les caractéristiques de la came, levée et accélération, se trouvent liées directement au diamètre du piston pour définir la rapidité d'injection ou « taux d'introduction », c'est-à-dire la quantité de combustible injectée par fraction de cycle.

- **Le clapet ou soupape de refoulement :**

Le clapet ou soupape de refoulement, placé entre l'élément de pompage et la tuyauterie de refoulement, a pour but d'isoler la conduite de refoulement du cylindre de pompe. Il assure la décharge rapide de la pression pendant l'injection et se referme au moment précis de la fin d'injection. Il existe deux sortes de clapets :

◊ Clapet a bille (simple ou double).

◊ Clapet a siège (a réaspiration ou non).

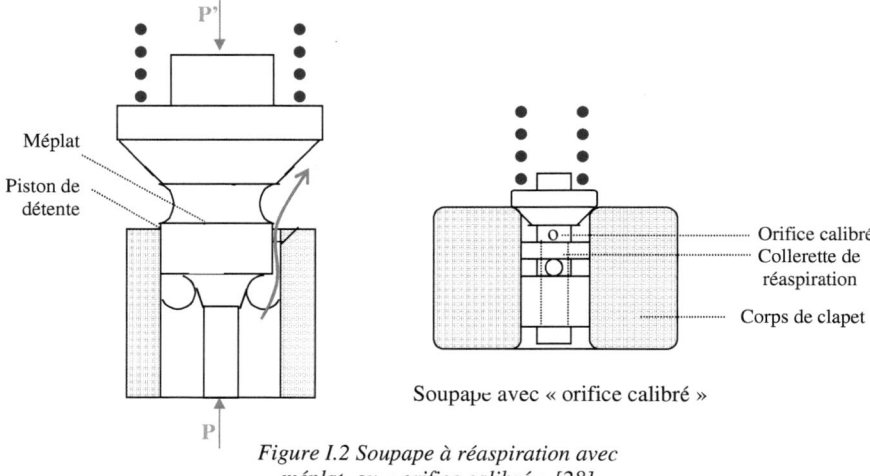

Figure I.2 Soupape à réaspiration avec méplat ou « orifice calibré » [28]

I.3.1.1.2- le principe de fonctionnement de la pompe d'injection

Du type à piston, aspirante et refoulante, elle consiste essentiellement en :
- un cylindre et un piston, tous deux en acier fondu à 1% de C et 1% de Cr environ.
- Un orifice (généralement à double entrée) par lequel le combustible est admis dans le cylindre pendant la course d'admission.
- Un clapet par lequel le combustible est refoulé.
- Et un mécanisme assurant au piston un mouvement alternatif dans le cylindre : came qui agit sur le piston pendant la course de refoulement et ressort qui le rappelle pendant la course d'admission

A chaque coup de piston, la pompe refoule vers l'injecteur un certain volume de combustible. Des trous ménagés à la partie supérieure du cylindre permettent d'admettre, par gravité ou par pression, du combustible. Lorsque le piston plongeur est au point mort bas, le cylindre est plein de combustible. Il arrive un moment ou le piston vient, en montant, masquer les deux orifices, le combustible est alors mis sous pression et l'arrête supérieur du piston contrôle le commencement du refoulement. Ce refoulement se poursuit tant que l'arrête inférieure de la tête du piston n'a pas découvert l'un des orifices d'admission, orifice qui constitue alors l'orifice de retour ; à ce moment le combustible peut s'échapper de la chambre supérieure grâce à une rainure verticale ménagée dans la tête du piston. [36]

On conçoit qu'il suffit de prévoir oblique l'une des arêtes de la tête du piston pour que, par rotation du piston autour de son axe, l'on puisse faire varier la quantité du combustible injecté. Ainsi, pour une course géométrique constante, solution mécaniquement très intéressante, le piston peut posséder une course utile variable.

La position angulaire du piston dans un plan perpendiculaire à l'axe de la pompe est fixée par une crémaillère coulissante dont la position est sous la dépendance d'un régulateur.

Dans certaines applications (transports routiers entre autres) la position de la crémaillère est fixée par le conducteur.

Aussitôt que l'arrête inférieure a découvert l'orifice de retour, il se produit une chute de pression dans la chambre supérieure et le clapet de refoulement, sollicité par un ressort, se ferme. Jusqu'au prochain temps de compression, la tuyauterie et l'injecteur sont isolés de la pompe, hydrauliquement parlant. Il y' a intérêt à ce que la fermeture de ce clapet s'accompagne d'une chute de pression dans la tuyauterie, ceci afin d'obtenir une fin d'injection bien franche. Pour cela, sous la tête du clapet, un épaulement dit de réaspiration, s'emboîtant dans le guide lors de la fermeture du clapet, augmente le volume disponible pour le liquide restant dans la tuyauterie d'une quantité égale au volume de cet épaulement ; la fermeture de l'injecteur est ainsi plus rapide qu'avec un clapet à billes, par ailleurs plus simple.

Le rôle du clapet est donc :
- d'agir comme clapet de non-retour.
- De soulager la pression dans la tuyauterie à la fin de l'injection.
- De provoquer une coupure brutale du combustible en vue de supprimer tout effet de goutte et toute injection retardée.

Le taux de décompression doit être :
- suffisamment élevé pour abaisser l'énergie contenue dans la première onde de retour à une valeur telle qu'elle ne provoque pas une réouverture intempestive de l'injecteur.
- Suffisamment modéré pour ne pas engendrer dans la tuyauterie de liaison des phénomènes de cavitation (pressions faibles, voire négatives, provoquant apparition de phases vapeur alternant avec retours brusques à la phase liquide).

On conçoit qu'il est possible de prévoir oblique l'arête supérieure de la tête du piston plongeur et de disposer ainsi d'une avance à l'injection variable avec la charge. Avec la solution à avance fixe les consommations aux charges partielles sont meilleures, mais avec une avance diminuant avec la charge on peut, aux charges partielles, diminuer les pressions maximales d'inflammation et soulager ainsi le moteur, puisque la douceur de fonctionnement est tributaire de la quantité de combustible introduite avant l'inflammation.

Mais si la quantité de combustible introduite avant l'inflammation est trop faible, la durée de la combustion s'allonge car la formation du mélange air combustible peut après l'inflammation n'est pas correcte. On a évidemment, envisagé de fractionner l'injection, mais cette solution est technologiquement impossible. On a également envisagé d'augmenter progressivement la quantité de combustible introduite par unité de temps, mais là encore, on se heurte à des difficultés de réalisation. Au total, la loi d'injection théorique est à peu prés rectangulaire.

Enfin, il ne faut pas perdre de vue que, alors que la pompe refoule un volume de combustible, c'est la masse de combustible injecté qui produit de l'énergie, il faut donc tenir compte de l'influence :
- de la température du combustible.
- de la température de la pompe.

Sur la masse de combustible effectivement introduite, la première influence s'avère considérable.

L'arbre à cames assurant le déplacement du piston de pompe d'injection est entraîné par le moteur lui-même : pour obtenir l'avance au refoulement désirée, il est donc nécessaire et suffisant de régler à une valeur fixée les positions respectives du piston moteur arrêté.

I.3.1.2- Les caractéristiques dimensionnelles d'une pompe d'injection
Les caractéristiques des pompes :
- profil des cames (course de piston).
- diamètre des pistons ;

dépendent de celles des moteurs auxquels elles sont destinées, à savoir :
- puissance par cylindre.
- vitesse de rotation.
- forme de la chambre de combustion.

Bien que ces caractéristiques de pompe et en particulier, le profil des cames soient déterminés par le constructeur spécialiste de ces pompes, il est néanmoins bon de connaître le principe de ces déterminations.

Le volume de combustible injecté est en réalité inférieur à celui déterminé par la course utile du piston du fait :
- Du jeu entre le corps du piston et la cylindre, ce jeu de l'ordre de 2 à 15 microns pour des diamètres de piston s'étageant de 4 à 30 millimétrés conduit à des pertes de l'ordre de 0.2% de la quantité injectée. Cette perte varie évidemment avec la viscosité du carburant et avec la longueur du corps de piston, laquelle est généralement de l'ordre de 5 fois de diamètre.
- De la compressibilité du carburant. Le coefficient de compressibilité est donné par :

$$\varepsilon = \frac{1}{V_0} \frac{V_1 - V_0}{P_1 - P_0} \qquad (I.12)$$

Pour déterminer le volume utile engendré par le piston de pompe il faut tenir compte de l'influence de cette compressibilité sur le volume global de combustible compris dans la pompe, la tuyauterie et l'injecteur.

Par ailleurs, du fait de la compressibilité de cette masse, le début et la fin d'injection sont nettement retardés par rapport aux positions de début et de fin de refoulement fixées par la pompe d'injection. Ces décalages dépendent, entre autres paramètres, de la longueur de la tuyauterie reliant la pompe et l'injecteur et de son volume interne, ainsi que des inerties des masses déplacées.

Il faut noter, que toute augmentation du diamètre du piston de pompe réduit la durée de refoulement de combustible, donc finalement la durée de la combustion ; ceci entraîne :
- Une augmentation de la pression maximale de combustion, à moins que l'on ne profite de cette modification de diamètre pour diminuer l'avance à l'injection, et donc plus au moins totalement, cet inconvénient.
- Une diminution de la consommation.

Compte tenu de ce que le dosage peut devenir précaire à faible charge si, au régime de puissance nominale, la course utile est inférieure au 1/5 de la course géométrique, compte tenu du fait que les levées de cames sont pratiquement de :
8 millimètres pour des diamètres de piston de 4 à 8,
10 millimètres pour des diamètres de piston de 6 à 10,
13 millimètres pour des diamètres de piston de 10 à 16,
On en déduit le diamètre du piston plongeur (figure I.3).

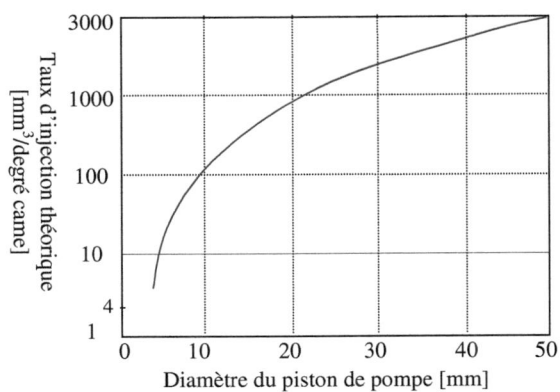

Figure I.3 Taux d'injection en fonction du diamètre du piston de pompe d'injection [36]

Pour déterminer la pente moyenne de la came, il faut se fixer un taux d'introduction. Si *(V)* est le volume engendré par le déplacement du piston plongeur pour un degré de rotation du vilebrequin et par litre de cylindrée. D'aucuns adoptent, d'ailleurs, ce taux *(V)* comme critère de performance de la pompe. On peut, en théorie, envisager des taux de 10 mm^3/degré/litre mais on préfère, généralement, s'en tenir aux environs de 6 mm^3/degré/litre.

I.3.1.3- Loi de refoulement de la pression dans la pompe

Lorsque le piston de la pompe d'injection remonte, le combustible commence par refluer dans le canal d'admission au travers des orifices d'entrée (lesquels sont, en général, au nombre de 2). Le débit de reflux diminue lorsque la face supérieure commence à obturer ces orifices et la pression du combustible restant dans le corps de pompe croit bien avant que ces orifices soient complètement obturés.

Si :

(U_p) est la vitesse de déplacement du piston de section A_p ;

(U) est la vitesse d'écoulement du combustible, a travers les orifices de section unitaire A_o, on a [36]:

$$A_p.U_p dt = 2A_0 U dt.k + \frac{V_1}{\varepsilon} dP \qquad (I.13)$$

(k) : étant la valeur (0.68 ÷ 0.75) du coefficient de décharge par A_o,

(V_1): étant le volume restant au-dessus du piston de pompe,

(ε) : étant le module de compressibilité du gasoil ($\approx 8.10^{-6}$ MPa^{-1}).

L'équation de Bernoulli appliquée à l'écoulement à travers les orifices donne la pression (P_p) du combustible présent dans la pompe :

$$P_p = \frac{U^2}{\rho.g.z} = \frac{1}{\rho.g.z} \cdot \frac{\left[A_p.U_p - \frac{V_1}{\varepsilon} \cdot \frac{dp}{dt} \right]^2}{4k^2 A_0^2} \qquad (I.14)$$

avec : (z) est la hauteur du combustible

Tant que l'obturation n'a pas débuté $\left(\frac{V_1}{\varepsilon} \cdot \frac{dp}{dt} \right)$ est pratiquement nul, et (P_p) est constant :

$$P_p = \frac{1}{\rho.g.z} \cdot \frac{A_p^2 U_p^2}{4k^2 A_0^2} \qquad (I.15)$$

Lorsque l'obturât on commence, (A_o) diminue et (P_p) croit d'autant plus vite que (U_p) est plus grand, soient :

(X) : la distance qu'il reste au piston à parcourir pour obtenir l'obturation complète

(2α) : l'angle au centre de l'orifice correspondant à la position définie par (X).

La section (A_o) de passage est :

$$\alpha r^2 - r^2 \sin\alpha \cos\alpha \qquad (I.16)$$

avec :

$$\cos\alpha = \frac{r - X}{r} \qquad (I.17)$$

On aboutit à :

$$\frac{dP}{dt} = \frac{1}{\rho.g.z} \cdot \frac{A_p^{\,2} r}{k^2 A_0^3} U^3 \sin\alpha \qquad (I.18)$$

On est ainsi amené à différencier :
- le point de pigeage statique correspondant à $X=0$.
- Le point de pigeage dynamique correspondant à la position (X), pour laquelle la pression du combustible à l'intérieur de la pompe devient supérieure à la somme de la pression de tarage du clapet de refoulement et de la pression résiduelle régnant dans la tuyauterie pompe – injecteur.

Connaissant la pression provoquant l'ouverture du clapet de refoulement, situé entre pompe et tuyauterie d'injection, on peut déterminer en conséquence la position exacte du début de refoulement, par rapport à la position angulaire de l'arbre à cames de la pompe d'injection qui assure l'obturation géométrique de l'orifice d'admission (abscisse 0 de la figure (I.4).

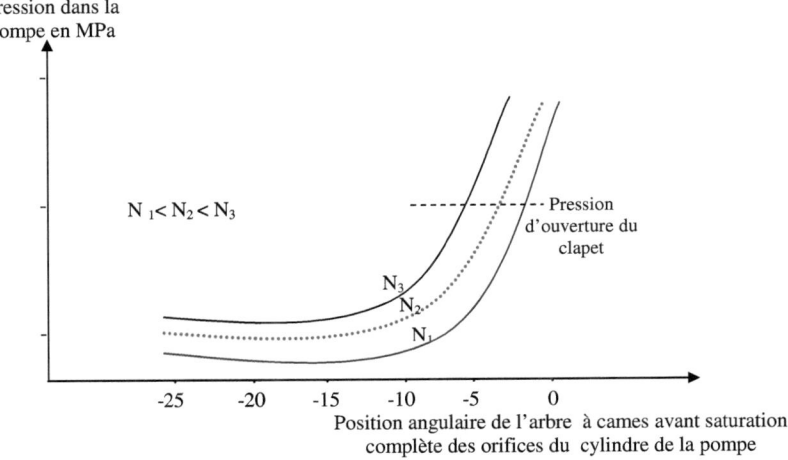

Figure I.4 Variation du début de refoulement en fonction de la vitesse de rotation du moteur (couple constant)

On note que l'avance réelle au refoulement du combustible vers l'injecteur, croit avec la vitesse de rotation de la pompe (ou plus précisément avec la vitesse de levée de piston de pompe), c'est-à-dire avec celle du moteur.

Donc pour un calage donné de l'avance nominale, statique au refoulement, l'avance effective, dynamique au refoulement croit avec la vitesse de rotation du moteur, entraînant un accroissement de l'avance de l'injection en fonction de la vitesse, ce qui modifie le début du processus de combustion et produit :
- une majoration de l'accroissement de la (P_{max}) de combustion en fonction de la vitesse ;
- une diminution (minime) de la consommation spécifique, de la fumée et de la température d'échappement.

L'ouverture du clapet de refoulement une fois effectuée, la pression de combustible continue à croître selon un gradient qui est fonction, pour une vitesse donnée de piston pompe :
- du volume offert par la tuyauterie et l'injecteur d'une part.
- de la compressibilité du combustible d'autre part.

Le carburant présent dans la tuyauterie et l'injecteur, est au début sous la pression résiduelle dont la valeur a été fixée à l'issue de l'injection précédente ; cette pression est elle-même fonction du volume libéré par le clapet de refoulement lors de son retour à la position de fermeture et évidemment de la pression qui régnait dans la tuyauterie durant l'écoulement (figure I.5) [36].

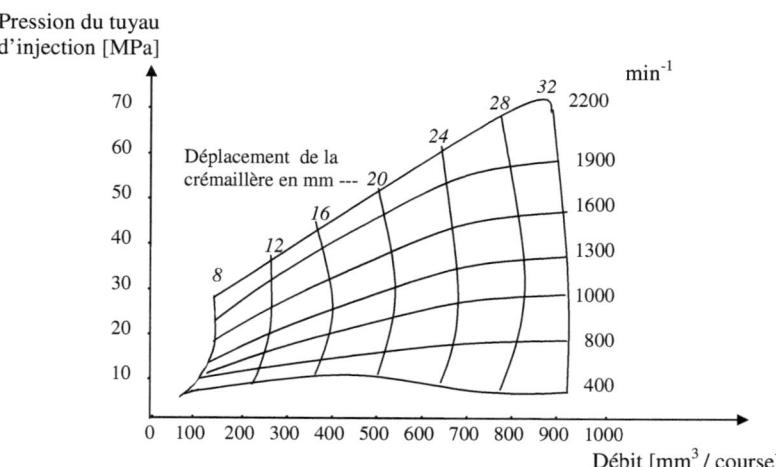

Figure I.5 Pression maximale dans le tuyau en fonction de la vitesse et du couple du moteur

Cette pression résiduelle doit être :
- suffisamment élevée, même au ralenti, pour éviter des phénomènes de cavitation dans la tuyauterie ;
- suffisamment basse à la puissance nominale, pour éviter des post-injections.

Par ailleurs, pour une position immuable de la crémaillère de commande de débit, le volume refoulé par course croit avec la vitesse de rotation (figure I.6), sous réserve que l'on ne mette en œuvre une conception particulière du clapet de refoulement, tenant compte des caractéristiques de la tuyauterie reliant la pompe à l'injecteur.

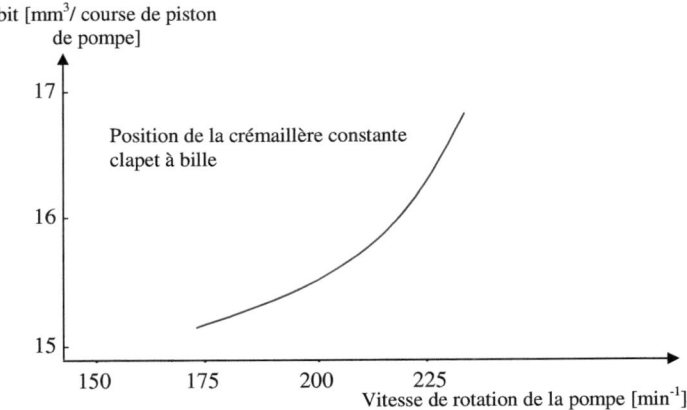

Figure I.6 Variation du débit par course en fonction de la vitesse de rotation pour une position constante de la crémaillère de commande de débit

La valeur de la pression de refoulement détermine l'aire du diagramme de refoulement de la pompe (figure I.7), donc le travail développé à chaque cycle. Ce travail indiqué est de l'ordre de 0.4% du travail utile fourni par le moteur ; le travail effectif qui tient compte du rendement mécanique et des fuites de combustible est de l'ordre de 3 fois le travail indiqué. On peut donc en première analyse, tabler sur le fait que la puissance absorbée par le système d'injection, est de l'ordre de 1% de la puissance utile.

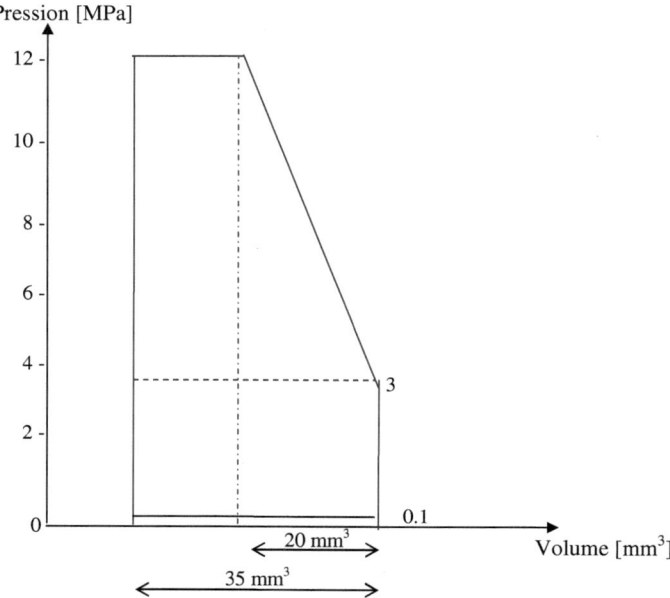

Figure I.7 Diagramme de refoulement de combustible

I.3.1.4- Technologie de la pompe d'injection

Le fonctionnement du système d'injection ne peut être assuré qu'au prix d'une exécution d'une précision extrême : malgré la très haute pression, l'étanchéité est en effet obtenue par la réalisation d'un jeu de quelques microns entre le piston plongeur et la chemise ; l'état de surface doit donc être et se maintenir parfait. Par ailleurs, la précision des instants de début et de fin de refoulement, donc du dosage, repose uniquement sur la perfection des trous forée dans la tête du cylindre.

Il y a intérêt à prévoir deux orifices diamétralement opposés afin d'équilibrer les poussées latérales du piston. Lorsque de très hautes pressions sont développées à grande vitesse, des phénomènes de cavitation apparaissent au niveau de ces orifices, entraînant une érosion du piston.

Les fuites entre piston plongeur et cylindre sont proportionnelles à la pression, au diamètre du piston et au carré du jeu moyen entre piston et cylindre. Elles sont inversement proportionnelles à la longueur des parties rodées formant joint et à la viscosité du combustible.

Ainsi, la fabrication de tels organes ne peut être menée à bien que par des constructeurs spécialistes, qui pour produire à un coût industriel, doivent travailler en grande série.

Dès les débuts du moteur rapide, on a rassemblé des pompes d'injections d'un moteur à (n) cylindres en un même bloc, solution qui procure une simplification du dessin et de fabrication du moteur. Un tel bloc présente l'intérêt de ne posséder qu'un seul arbre à cames pour l'entraînement de (n) pompes. Un arbre à cames qui peut être branché par un simple manchon à la distribution du moteur, et qui on peut lui adjoindre aisément le régulateur de contrôle du moteur et éventuellement le dispositif d'avance variable en fonction de la vitesse.

L'organe de réglage des débits (une crémaillère le plus souvent) est également unique ; du fait de la simplicité et de la précision du système doseur, il est possible de réaliser l'identité des débits des diverses pompes individuelles.

L'autonomie de la pompe – bloc, par ailleurs d'un maniement aisé, lui permet, une fois réglée à un banc d'essai spécial, d'être utilisée.

Lorsque la pompe – bloc, est situé en un endroit ou elle risque d'être échauffée (dans l'angle du V d'un moteur suralimenté), il importe de lui fournir un débit de combustible plusieurs fois supérieur à la quantité injectée, le supplément retournant au réservoir après avoir refroidi la pompe, faute de cette précaution, la température du combustible augmenterait au sein de la pompe au moins que le poids de combustible refoulé par le piston le plus éloigné de l'entrée du combustible, pourrait être inférieure de 10% à la quantité requise.

Par ailleurs lors de la mise en place d'un cylindre dans ladite pompe, il importe d'apporter grand soin à son parfait positionnement afin d'éviter tout déphasage entre les calages d'injection, déphasage pouvant également survenir en cas d'usure anormale de l'une des cames de l'arbre de la pompe – bloc.

La solution « pompe – bloc » ne peut être adoptée que lorsqu'elle ne conduit pas à des longueurs de tuyauterie inacceptables, longueurs qui croisent avec le nombre et l'alésage des cylindres moteurs alimentés, il faut alors recourir à des pompes individuelles branchées sur l'arbre à cames du moteur, au droit de chaque cylindre moteur.

A l'opposé, avec l'avènement de moteurs très rapides et multicylindres, le type « pompe – bloc » s'est avéré trop onéreux, en égard au prix au cheval du moteur et trop encombrant. On utilise alors une pompe distributrice. Cette pompe ne comprend qu'un seul élément de pompage, constitue par des pistons radiaux à course constante déplacés par une came annulaire tournante. Le système de distribution est constitué par un tiroir, tournant en synchronisme avec le moteur qui oriente vers chaque cylindre moteur le débit de combustible refoulé. Le dosage est assuré par le déplacement longitudinal du tiroir de distribution.

Quel que soit le type de pompe, il faut, toutes les fois ou le réservoir à combustible n'est pas en charge sur la pompe d'injection, prévoir une pompe d'alimentation (souvent appelée pompe de relevage); si celle-ci est entraînée directement par le moteur, une petite nourrice de lancement, nourrice en charge qui peut être constituée par le filtre à combustible, doit être aménagée.

La pression du combustible à l'admission assure la solution des gaz (ou de l'air) qui ont tendance à se former durant la descente du piston de pompe, orifices d'admission obturés.

On s'évertuera à faire cheminer le circuit de combustible en dehors des parties exposées au froid. L'étanchéité des tuyaux devra être parfaite à cause des dangers d'incendie ; en particulière, les types de raccords et les matières des joints devront avoir été éprouvés.

La filtration du combustible est très importante. On prévoira de préférence deux étages de filtres :
un premier filtre, dégrossisseur, sera placé à l'aspiration de la pompe d'alimentation; un second filtre, arrêtant les poussières de la dimension du micron et l'eau, sera situé sur le refoulement ; le filtre avec manchon en papier spécial (diatrose) est de plus en plus utilisé. La dimension des manchons sera évidemment fonction du débit du combustible. On pourra avantageusement prévoir un filtre à double corps permettant le nettoyage et l'échange des manchons sans arrêter le moteur. On prévoira des écoulements de récupération sous les filtres.

Les dimensions des tuyauteries seront telles que le combustible puisse circuler à une certaine vitesse à l'aspiration et au refoulement. Les tuyauteries d'injection et de retour des fuites seront raccordées à l'injecteur en dehors du couvre - culasses.

I.3.2- L'injecteur
I.3.2.1- Les caractéristiques principales de l'injecteur

Dans le système d'injection, la fonction d'un injecteur de moteur diesel est d'introduire dans le cylindre du moteur, à un instant donné et pendant un temps donné extrêmement court, une quantité donnée et très faible de combustible, et de l'y répartir en un état pulvérisé donné selon une loi qui est fonction dans l'espace et dans le temps du type de chambre de combustion adopté et qui si possible tienne des variations de vitesse de rotation du moteur.

La durée pendant laquelle s'effectue l'injection est extrêmement limitée; pour un moteur tournant à 1500 min^{-1} elle est de l'ordre de 1/300 de seconde, la quantité de combustible injectée à chaque cycle variant à pleine charge de 0.3 gramme environ à 1 gramme et même plus suivant le taux de suralimentation du moteur. La combustion ne peut être correcte que sous réserve que le début et surtout la fin de l'injection soient absolument francs et ne s'accompagnent pratiquement d'aucun régime transitoire, même à caractère instantané – disons de l'ordre d'une fraction du millième de seconde – tant dans la loi de débit que dans la qualité de la pulvérisation.

On conçoit que l'on ne puisse définir autrement que par empirisme les caractéristiques exactes que doit présenter l'injecteur appelé à fonctionner sur un moteur donné.

On sait néanmoins par quels moyens il est possible d'influencer la forme du cône d'injection, son pouvoir de pénétration sa finesse de pulvérisation, donc de choisir le type général d'injecteur paraissant devoir convenir à un type donné de chambre de combustion, utilisée dans des conditions données de vitesse de rotation et de charge d'un moteur donné.

Cet injecteur est constitué :
- d'un porte injecteur
- d'un injecteur proprement dit, souvent dénommé buse.

Cette buse est composée d'un corps cylindrique creux en acier de cémentation à 1% de Cr à l'intérieur duquel coulisse, avec un jeu de l'ordre de 2 à 3µ, une aiguille en acier à haute teneur en tungstène (18%), à 3-5 de Cr et à 2 de Va, trempé à l'huile vers 1200°C et revenu vers 550°C. Les ovalisations du cylindre et de l'aiguille doivent être toutes deux inférieures à 0.5 micron, les finis de surface étant meilleurs que 0.05 micron ce qui exige une superfinition.

La concentricité entre l'axe du cylindre et l'axe du siège doit être de 0.2 à 0.3 micron. Ces deux pièces étant appariées et rodées, il n'est pas possible de les interchanger.

Le combustible sous pression arrivant par le porte injecteur est amené par des canaux percés dans la buse, à une chambre située dans le nez de la buse, chambre obturée par l'extrémité de l'aiguille. Le nez de la buse contient l'organe d'introduction et de pulvérisation du combustible dans le cylindre du moteur. Le diamètre du siège de l'aiguille doit être tel que l'aire qu'il détermine soit au moins deux fois la surface des orifices de pulvérisation, par ailleurs la dimension de la cavité située entre ce siège et le corps de buse doit être aussi faible que possible afin de permettre un bon fonctionnement à faible charge, surtout à grande vitesse.

Il y a deux types d'injecteurs :
- L'injecteur à trous multiples, dit injecteur à trous : l'extrémité de la buse est percée de trous capillaires dont le diamètre, la longueur et la disposition varient avec le débit du combustible et la forme de la chambre de combustion.
- L'injecteur à trou unique, souvent avec aiguille à téton, dit à cône de pulvérisation :
L'extrémité de la buse est percée d'un trou central de gros diamètre (1à3mm) et l'extrémité de l'aiguille présente, le plus souvent, un téton d'un diamètre légèrement inférieur. On obtient ainsi lors de la levée de l'aiguille, un passage annulaire qui donne un jet conique dont l'angle dépend de la forme du téton.

I.3.2.2- Fonctionnement élémentaire de l'injecteur

En ce qui concerne les systèmes d'injection classique, le carburant refoulé sous pression par la pompe d'injection, est conduit par des canaux dans la chambre de pression. Puisque les diamètres de l'aiguille et de la portée du siège sont différents, le carburant exerce sur l'aiguille une poussée qui tend à la soulever de son siège, ce qui ce produit effectivement lorsque la pression de refoulement devient supérieure à la pression de tarage du ressort du porte – injecteur. L'aiguille dévoile alors les orifices du nez de l'injecteur et le carburant est pulvérisé dans la chambre de combustion. Dès que la pression de refoulement chute, l'aiguille retombe, obstruant à nouveau les trous d'injections.

La pression de tarage peut être réglée préalablement en agissant mécaniquement sur la tension du ressort. Si *(P)* est la pression de tarage et *(F)* est la tension du ressort, on a :

$$F = \frac{\pi}{4}(D^2 - d^2)P \qquad (I.19)$$

avec :   *(D)*: diamètre de l'aiguille.
         (d): diamètre de la portée du siège.

En début d'injection, la pression du carburant agit sur toute la section de l'aiguille qui se lève donc très rapidement ; ceci favorise évidement la pulvérisation.

La fermeture de l'injecteur a lieu pour une pression *(P_F)* telle que :

$$P_F \cdot \frac{\pi}{4}D^2 = F_1 \qquad (I.20)$$

La tension correspondante du ressort *(F_1)*, est pratiquement égale à *(F)*. En effet, compte tenu de la levée d'aiguille très faible (moins de 1mm), la contribution de la raideur du ressort est négligeable.

On obtient donc:

$$P_F = P \cdot \frac{D^2 - d^2}{D^2} \qquad (I.21)$$

Le débit volumique instantané injecté *(Q_v)* s'écrit, selon la loi de Bernoulli :

$$Q_v = K_S \cdot A_{in} \left(\frac{P_{in} - P_{cy}}{\rho} \right)^{1/2} \qquad (I.22)$$

(K_S) : coefficient spécifique de l'injecteur examiné ;
(A_{in}) : section des orifices de l'injecteur ;
(P_{in}) : pression dans l'injecteur (carburant) ;
(P_{cy}) : pression dans la chambre de combustion (air) ;
(ρ) : masse volumique du carburant.

CHAPITRE - II -
LES PHENOMENES HYDRODYNAMIQUE ET AUTRES DE L'ENSEMBLE POMPE – TUYAUTERIE – INJECTEUR

II.1- INTRODUTION

On conçoit qu'avec un tel ensemble dont le comportement est influencé par des phénomènes inhérents à des variations de section, à la compressibilité du combustible et à l'inertie des masses déplacées à chaque cycle, il soit impossible de prédéterminer les caractéristiques du système de façon à obtenir un processus fixé à l'avance.

Il existe en effet des différences importantes entre la loi du refoulement géométrique de la pompe et la loi d'injection du combustible dans la chambre de combustion, même si l'on ne tient pas compte :
- des éventuelles oscillations de l'aiguille de l'injecteur,
- des inévitables flux oscillatoires au sein de la tuyauterie.

Trois conséquences nocives du déroulement non stationnaire du processus d'injection sont :
- d'importantes pressions instantanées au voisinage de la sortie de pompe.
- une injection secondaire tardive.
- la formation de poches gazeuses lorsque, à la fin de l'injection; la pression statique devient nulle en un point quelconque du système d'injection.

II.2- INSTABILITE DES AIGUILLES D'INJECTEUR

Le déplacement de l'aiguille de masse (m_{aig}) s'effectue sous l'action de trois forces :
- la pression (P_{aig}) exercée par le combustible sur la section (A_{aig}) de l'aiguille.
- La force exercée par le ressort de raideur (K).
- La force d'amortissement proportionnelle à la vitesse du déplacement de l'aiguille.

L'équation du mouvement de l'aiguille est de la forme :

$$m_{aig} \frac{d^2Z}{dt^2} + f . \frac{dZ}{dt} + KZ - P_{aig} A_{aig} = 0 \qquad (II.1)$$

La variable indépendante étant le temps.
Avec :
(m_{aig}) : la masse de l'aiguille ;
(K) : la raideur du ressort ;
(P_{aig}) : la pression exercé sur l'aiguille;
(Z) : le déplacement de l'aiguille ;

(A_{aig}) : la section de l'aiguille ;
(*f*) : le coefficient d'amortissement.

Par ailleurs, les variations de pression et de volume du combustible contenu dans la chambre de l'injecteur (de volume V_{in}) sont liées par une équation de la forme :

$$\frac{-\dfrac{dV_{in}}{dt}}{V_{in}} = \frac{\dfrac{dP_{in}}{dt}}{E} \quad \text{(II.2)}$$

(V_{in}) : étant le volume du combustible dans la chambre de l'injecteur,
(*E*) : étant le module d'élasticité du combustible, soit :

$$\frac{dP_{in}}{dt} = -\frac{E}{V_{in}}\left(A_0 \frac{dZ}{dt} + Q_V Z\right) \quad \text{(II.3)}$$

(Q_v) : étant le débit de combustible fourni par la pompe durant (*dt*) ;
(A_0) : la section des orifices de la pompe.

On trouve finalement que la stabilité de la levée de l'aiguille est assurée lorsque on a :

$$\text{Amortissement} \quad f > \frac{Q_v . E}{V_{in}} . \frac{m_{aig} A_{aig}}{K + \dfrac{A_0^2 E}{V_{in}}} \quad \text{(II.4)}$$

$\dfrac{Q_v . E}{V_{in}}$: représente le taux d'accroissement de la pression pour un déplacement (*Z*) égal à l'unité.

$K + \dfrac{A_0^2 E}{V_{in}}$: représente la constante d'élasticité due au ressort et au combustible.

On note l'intérêt d'adopter une aiguille de masse aussi faible que possible et un ressort raide. En pratique la présence de la butée de levée d'aiguille exerce une action bénéfique importante.

II.3- SITUATION ENTRE DEBUT DU REFOULEMENT POMPE ET DEBUT DE L'INJECTION DANS LE CYLINDRE

II.3.1- Front de combustible et onde de pression

Dès l'ouverture du clapet situé à la sortie de la pompe :
- un front matériel de combustible est introduit par le refoulement du piston de la pompe, la vitesse (*u*) du déplacement de ce front est fonction :

- du volume refoulé par la pompe par unité de temps (vitesse et diamètre du piston de pompe)
- de la section de la tuyauterie

- par ailleurs, une onde derrière laquelle le combustible présent dans la tuyauterie se trouve sous la pression de refoulement, se propage dans le combustible à une vitesse *(a)* légèrement inférieure à la célérité *(c)* du son dans le combustible. Cette célérité est égale à : $c = \sqrt{\varepsilon/\rho}$,

(ε): étant le module de compressibilité

(ρ) : la densité du combustible aux températures et pressions d'emploi.

La pression à considérer est la pression résiduelle que possède le combustible séjournant dans la tuyauterie entre deux refoulements de pompe. La célérité croit lorsque cette pression croit, elle est de l'ordre de 1400 m.s^{-1} au régime nominal du moteur. Elle diminue considérablement si le tuyau est le siège de cavitations.

Le temps que l'onde de pression de combustible met pour parcourir une tuyauterie d'injection de longueur *(l)* est *(l/a)* ; donc si *(l=1)* mètre, *(t)* est de l'ordre de 0.75 millième de seconde. Ce temps correspond à une rotation de vilebrequin de l'ordre de 7 degrés pour un moteur tournant à 1500 min^{-1}. Il s'ensuit que, durant le temps d'injection, l'onde pourra effectuer plusieurs dizaines d'aller et retour ; mais, compte tenu de l'amortissement des ondes, leur effet devient négligeable au bout de 3 ou 4 réflexions.

Il faut donc tenir compte d'un délai d'injection de combustible (Figure II.1) [19], qui est l'ordre de grandeur du délai d'inflammation du combustible. Mais alors que la durée du délai d'auto - inflammation est constante, la durée du délai d'injection croit avec la longueur de la tuyauterie ; il peut être important. Noter que, le délai d'injection doit être le même pour tous les cylindres d'un moteur, les tuyauteries d'un moteur doivent être les mêmes et avoir la même longueur.

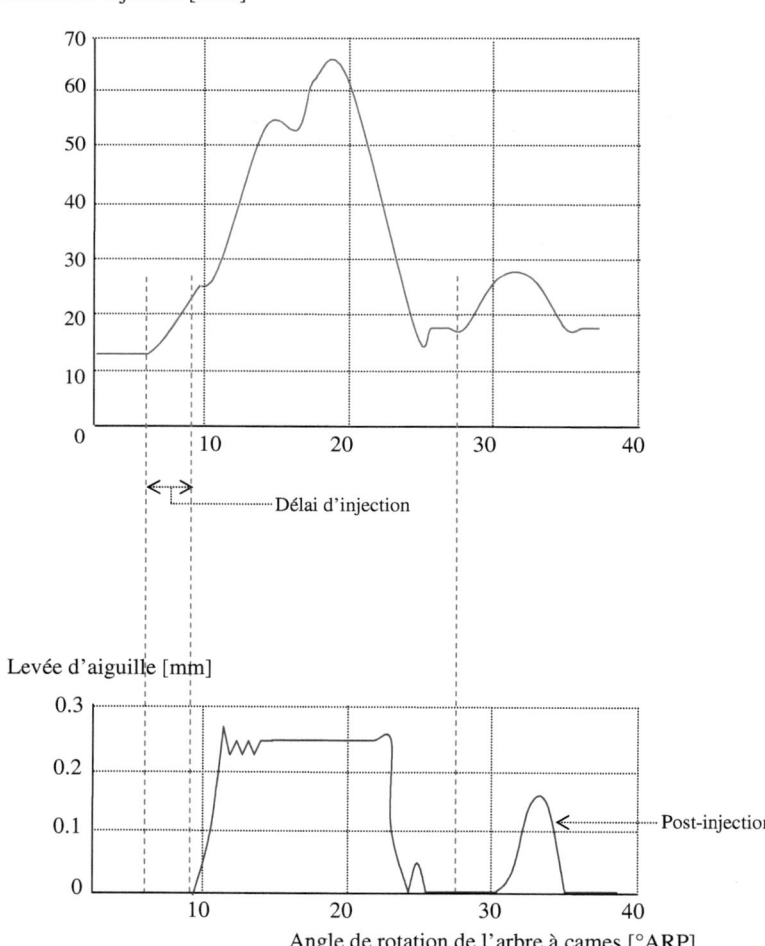

Figure II.1 La pression d'injection et la levée de l'aiguille d'injecteur en fonction de l'angle de rotation de l'arbre à cames de la pompe [9] (mise en évidence d'une post-injection)

II.3.2- La poussée de refoulement

Tout se passe comme si on avait introduit durant un laps de temps égal à l'unité, un volume $(u.A_p)$ dans le volume $(a.A_{co})$. L'élévation de pression, dite poussée de refoulement, est donc égal à :

$$P_{rf} = \frac{\varepsilon.u.A_p}{a.A_{co}} \qquad (II.5)$$

Ce qui conduit à :

$$P_{rf}(MPa) \approx 11\, u\, (m.s^{-1})$$
$$\approx 27.5\, \text{à}\, 40.0\, MPa$$

Cette poussée est, donc, d'autant plus importante, que (u) est plus élevé, c'est à dire :
- que le moteur tourne plus vite,
- que la section du tuyau est plus faible.

II.3.3- Fermeture de l'injecteur

Lorsque la pompe cesse de refouler, le clapet se ferme $(u=0)$. Cette fermeture provoque la création d'une onde de dépression qui se déplace à la vitesse (a) dans la tuyauterie, dépression dont l'amplitude est proportionnelle à (u).

Lorsque cette onde de dépression arrive à l'injecteur, l'aiguille retombe, les orifices sont occultés et du combustible se trouve enfermé dans la tuyauterie sous une pression dite pression résiduelle, qui varie en fonction du temps de fermeture du clapet et avec la valeur de la variation de volume.

La retombée de l'aiguille d'injecteur provoque dans la partie amont de l'écoulement, c'est-à-dire dans la tuyauterie, une onde de pression qui, après s'être réfléchie sur le clapet fermé, revient à l'injecteur et risque, si la pression résiduelle est trop élevée de provoquer une réouverture de l'injecteur, donc une post-injection.

Quoi qu'il en soit, les faits confirment :
- que l'injection dure plus longtemps que le refoulement,
- que les pressions d'injection sont d'autant plus élevées que les sections des orifices d'injection sont plus réduites (figure II.2)

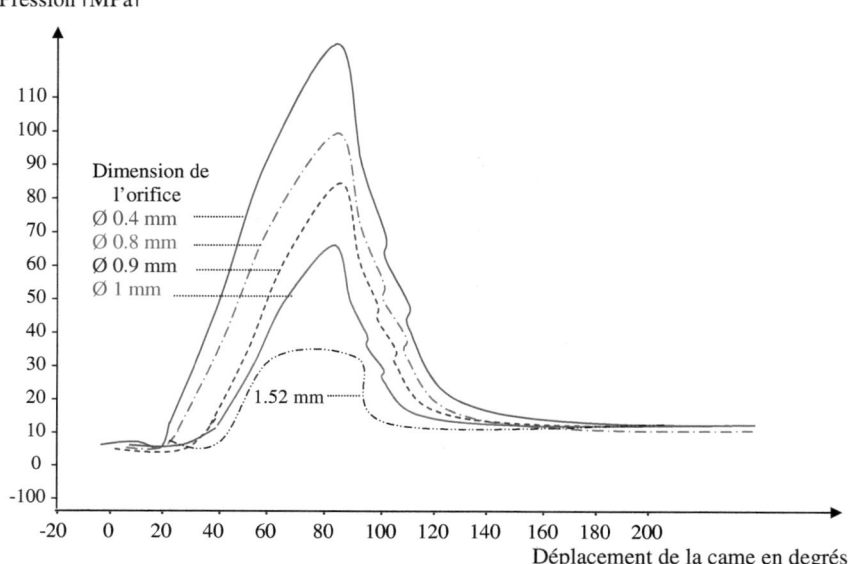

Figure II.2 pressions dans la tuyauterie en fonction du diamètre de l'orifice

II.3.4- Injection secondaire tardive ou post-injection

On note sur la figure (II.1) la possibilité d'une injection secondaire après l'injection normale. Les effets d'une telle anomalie sont graves car le combustible ainsi introduit brûle très mal du fait que :
- la pression d'injection étant faible, les gouttelettes sont grosses.
- les gaz présents dans le cylindre sont en pleine détente donc que leurs pression et température vont en s'abaissant.

Le rendement du moteur est donc diminué, mais ce qui est plus grave c'est l'accroissement des charges thermiques du moteur, et en particulier celles de la paroi de chemise à un moment où cette paroi commence à être largement découverte ce qui peut avoir une influence désastreuse sur la lubrification du contact segment chemise. Par ailleurs, cette post-injection provoque généralement des imbrûlés donc un accroissement important de l'indice de fumée.

La charge à laquelle apparaît cette post-injection croit avec la section globale des orifices de l'injecteur, elle impose des limites à l'accroissement de puissance, puisque l'on ne peut augmenter considérablement cette section globale, le diamètre de chaque orifice étant tributaire de la pulvérisation, et le nombre de trous étant limité par la dimension du nez de l'injecteur. Par ailleurs, on risquerait de voir apparaître une formation nocive de bulles gazeuses.

Pour améliorer la situation, on peut dans une certaine mesure, augmenter la pression de tarage de l'injecteur.

Si la fin d'injection se situe au voisinage de PMH (donc de l'instant ou les gaz de combustion sont à la pression maximale), la levée secondaire de l'aiguille permet à ces gaz (lesquels sont alors à une pression supérieure à celle du carburant) d'entrer dans le corps de buse d'injecteur, ce qui y provoque un encrassement. L'accroissement du tarage est, dans ce cas pratiquement inopérante : il faut retarder la fin d'injection (en modifiant soit le diamètre des trous d'injecteur soit, ce qui est préférable, le diamètre de la pompe).

II.3.5- Formation de poches gazeuses dans la tuyauterie

Dans le cas de moteurs rapides suralimentés, l'onde de retour est normalement de nature à provoquer une post-injection. Pour éviter cette mésaventure, le clapet de refoulement situé à la sortie de la pompe est réalisé d'une forme telle qu'il assure une importante réaspiration de combustible, ce qui diminue l'intensité de l'onde de retour consécutive à la fermeture de l'aiguille (le phénomène est identique à celui qui se produit lors de l'ouverture de l'injecteur).

Mais une réaspiration élevée risque, à certains régimes, en particulier au ralenti à vide de ne laisser subsister qu'une pression résiduelle inférieure à la pression de vapeur saturante. Il s'ensuit d'apparition de bulles (voire de poches) gazeuses au sein du combustible enfermé dans la tuyauterie entre deux injections.

Ainsi :
- lors de refoulement suivant, l'onde de pression ne se propage plus dans un milieu homogène et sa vitesse devient, alors, très inférieure à celle de la célérité prévue, puisqu'elle tombe aux environs de 800 m.s^{-1}.
- la remise en pression due au refoulement, provoque la disparition des bulles gazeuses et engendre des cavitations destructrices de la tuyauterie.

Pour éviter ces phénomènes nocifs, il faut maintenir une pression résiduelle suffisante, ce qu'on réalise en introduisant, à l'aval du clapet de refoulement à réaspiration, un second clapet assurant un court-circuit par un orifice calibré ou, ce qui est mieux car la pression résiduelle ne varie plus alors avec le débit et la vitesse, un clapet tubulaire différentiel.

De cette étude schématique d'un ensemble de phénomènes complexes et fugitifs, on retiendra surtout :

- L'intérêt qui s'attache à utiliser des tuyauteries dont le diamètre intérieur soit faible. On choisit généralement un diamètre tel que la vitesse d'écoulement de combustible soit de 20 à 25 m.s^{-1} ce qui, à chaque injection, provoque un avancement de l'ordre de 10 cm.

- L'épaisseur de ces tuyaux, de préférence en acier mi-dur au carbone, doit être suffisante pour résister aux pressions internes sans déformation appréciable, et pour écarter les phénomènes vibratoires.

- Mais on prendra garde à ce qu'au sein d'une tuyauterie de faible diamètre les pressions instantanées à la sortie de la pompe, pourront dans certains cas être très élevées (on a mesuré des pointes de pression de 200 MPa) et conduire à des mécomptes quant à la tenue de la pompe (cames et galets).

- A partir d'un certain alésage, il devient impossible dans le cas de moteurs rapides utilisés à charges variables, de concilier la recommandation $l < \dfrac{L}{4}$ avec l'adoption de pompe bloc. Si l'on tient à conserver ce type de pompe on pourra, souvent avec fruit, adopter une tuyauterie de longueur nettement supérieure à (L). Sinon il faut :

- soit revenir à la solution « pompe individuelle située au droit de chaque cylindre »
- soit, ce qui est préférable, réunir dans un même organe dénommé « injecteur -pompe » la pompe et l'injecteur ce qui permet $l=0$.

Avec :

l : la longueur de la tuyauterie ;

L : la distance parcourue l'onde de pression durant la durée totale de l'injection.

CHAPITRE - III -
L'EFFET DES FACTEURS REPRESENTATIFS DE L'INJECTION

III.1- L'EFFET DE LA BUSE DE L'INJECTEUR

Le siège de l'aiguille doit permettre une section de passage ne perturbant pas l'écoulement du combustible, elle doit être d'environ de 2 fois la section totale des orifices de l'injecteur, sans pour cela exiger de hautes levées d'aiguille. Cette levée d'aiguille doit être de l'ordre du millimètre tandis que, d'un autre côté, l'inertie, donc la masse de l'aiguille doit être aussi faible que possible ; ces deux conditions permettent que le temps que mettra l'aiguille à retomber sur son siège ne soit pas supérieur à celui de la chute de pression provoquée par la fermeture du clapet de refoulement de la pompe, ainsi les gaz de combustion ne pénètreront pas dans l'injecteur au risque d'y brûler le siège.

On note l'influence que pour une même section de passage, l'angle du siège exerce sur la hauteur de levée de l'aiguille (figure III.1).

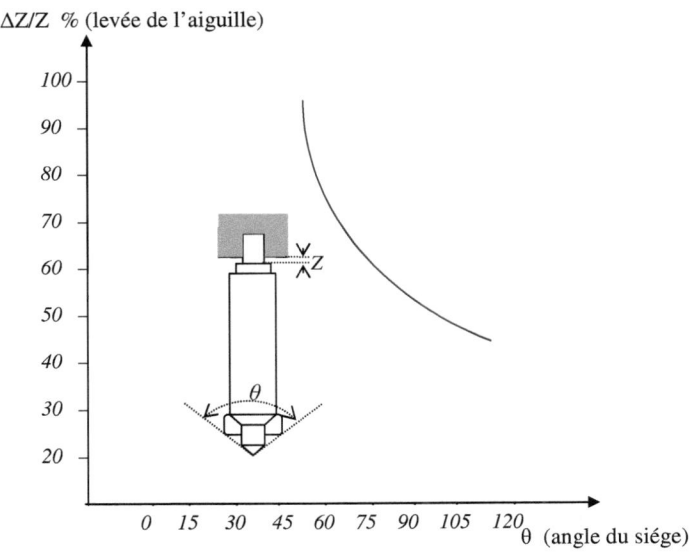

Figure III.1 Influence de l'angle du siège sur la levée de l'aiguille [36]

Lors de la levée de l'aiguille, on a intérêt à une levée franche, mais relativement lente de l'aiguille, afin d'obtenir une montée progressive de la quantité injectée en fonction du temps. Ceci incite à limiter le débit, donc à choisir des tuyauteries de faible diamètre intérieur et à adopter de faibles vitesses d'injection. On ne peut aller loin dans ces deux voies, lesquelles conduisent toutes deux à de faibles pressions d'injection, donc à la formation de grosses gouttes, nuisibles à une combustion correcte.

III.2- L'EFFET DE L'INJECTEUR
III.2.1- Condition de l'écoulement

A partir de l'instant où les orifices d'injection sont découverts, c'est-à-dire 1 millième de seconde environ après que la soupape de refoulement de la pompe s'est ouverte, il y a écoulement de fluide et le phénomène devient justiciable par l'équation de Bernoulli.

Soit (A_{in}) la section efficace des orifices d'injection, section différente de l'aire géométrique du fait de la viscosité du combustible (effet de paroi).

La pression d'injection (P_{in} en MPa) et la vitesse (u_{in} en m.s^{-1}) du combustible traversant ces orifices sont liées (loi de Bernoulli) par :

$$P_{in} = \frac{1}{2} \rho \cdot u^2_{in} \qquad (III.1)$$

d'où :

$$u_{in} \approx \sqrt{230 \cdot P_{in}} \qquad (III.2)$$

On note que (P_{in}) croit comme (u^2_{in}) alors que (P_{rf}) poussée de refoulement ne varie que comme (u).

Le gradient de pression (P_{in}) en fonction du débit de combustible est donc beaucoup plus grand que le gradient de pression (P_{rf}).

La pression régnant dans la tuyauterie est supérieure à la pression (P_{in}) d'injection du fait des pertes de charge inhérentes à l'écoulement; cette pression croit au fur et à mesure que l'on remonte vers la pompe.

La vitesse de déplacement du combustible dans le tuyau est, en régime établi :

$$u_{co} = \frac{A_{in}}{A_{co}} u_{in} = 15{,}2 \frac{A_{in}}{A_{co}} \sqrt{P_{in}} \qquad (III.3)$$

avec : (A_{co}) : section de la tuyauterie,
         (A_{in}) : section des orifices de l'injecteur,
         (P_{in}) : pression de l'injection.

III.2.2- Section des orifices

Pour que la présence de l'injecteur n'apporte aucune perturbation à l'écoulement, c'est-à-dire pour que le régime de l'écoulement dans la tuyauterie soit, dès l'ouverture des orifices d'injection, permanent, il faut et il suffit que la section efficace de ces orifices soit (A_{in}) telle que la pression (P_{rf}) y détermine un débit égal à $(u.A_0)$.

Il faut donc que :

$$u = \frac{A_{in}}{A_0}.15,2.\sqrt{P_{rf}} \qquad (III.4)$$

(A_0) : section des orifices de la pompe,

avec

$$P_{rf} \approx 11.u$$

c'est-à-dire

$$A_{in} \approx 0,02.A_0.\sqrt{u} \qquad (III.5)$$

Soit $A_{in} < A_0$ ce qui est le cas général. Le débit $(u.A_0)$ refoulé par la pompe est donc supérieur au débit éjecté dans le cylindre durant la première unité de temps qui suit l'ouverture des orifices. Dans ces conditions, une onde de pression prenant la suite de l'onde de refoulement, retourne, à vitesse (a), vers la pompe ; mais la quantité de combustible intéressée n'étant que la différence entre le débit refoulé par la pompe et le débit sortant de l'injecteur, l'élévation de pression provoquée par cette onde de retour est nettement inférieure à la pression née de l'onde de refoulement (figure III.2) [36].

Cette onde de retour se réfléchit sur la pompe et engendre une nouvelle onde allé accroissant, à nouveau la pression régnante. Ainsi progressivement, la pression régnant dans la tuyauterie se rapproche de la pression :

$$P_{in} = \frac{1}{2}\rho\left(\frac{A_0}{A_{co}}u\right)^2 \qquad (III.6)$$

nécessaire pour que le débit $(u.A_0)$ refoulé par la pompe sorte intégralement par les orifices de l'injecteur.

Remarquons que cette pression (P_{in}) est bien indépendante de (A_{co}), donc du diamètre du tuyau, du fait que $(u.A_0)$ est le débit de la pompe. On note que si ce débit est constant, le taux d'injection c'est-à-dire la quantité de combustible injectée par degré de rotation de vilebrequin, va en croissant légèrement durant le temps d'injection.

SIMULATION MATHEMATIQUE DE L'INJECTION DANS UN MOTEUR A ALLUMAGE PAR COMPRESSION ET L'ETUDE DE L'INFLUENCE DE CERTAINS FACTEURS SUR L'INJECTION

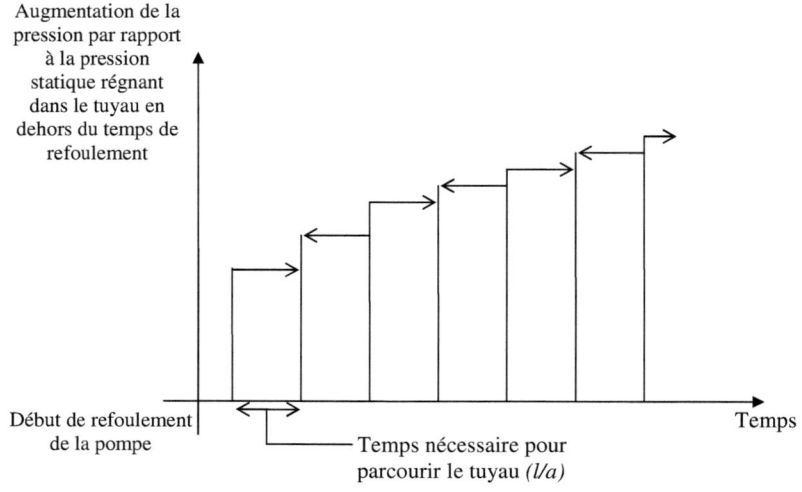

Figure III.2 Allure de la pression au milieu du tuyau

III.3- L'EFFET DE LA LONGUEUR DE LA TUYAUTERIE

Si $l=0$, la pression d'injection $\frac{1}{2}\rho\left(\frac{A_0}{A_{co}}u\right)^2$ est instantanément établie, quelle que soit la section (A_{co}).

Si $l \neq 0$ et sauf si $A_{co} = A_0$

◊ La durée d'injection est supérieure à la durée de refoulement d'une valeur croissant avec la longueur de la tuyauterie.

◊ Durant la période d'injection, la pression n'est constante en aucun point du circuit.

◊ Les diagrammes de pression sont d'autant plus déformés que la tuyauterie est plus longue.

◊ La déformation reste acceptable tant que $l < \frac{L}{4}$, (L): étant la distance qu'aurait parcourue l'onde de pression durant la durée totale de l'injection.

On doit remarquer, cependant, que si (l) est très grand, la déformation de la courbe des pressions peut ne plus être nocive, s'il n'existe pas de seconde injection.

III.4- INFLUENCE DE LA PRESSION D'INJECTION SUR LE DEVELOPPEMENT DU JET

Cette pression (et à un degré moindre la viscosité du combustible) a une action déterminante sur la vitesse de développement de l'enveloppe du jet.

Toute augmentation de pression *(P)* accroît la vitesse du jet, puisque:

$$u_j = C\sqrt{\frac{2.\Delta P}{\rho}} \qquad (III.7)$$

ou :

- *(u_j)* : vitesse du jet (elle est de l'ordre de 100 à 200 m.s^{-1}),
- *(C)* : coefficient de décharge variant de 0.6 à 0.9 suivant la forme de l'orifice,
- *(ΔP)* : la différence entre la pression d'injection et la pression régnant dans le cylindre.

Donc toutes augmentation de pression (ou toute diminution de viscosité du combustible du fait qu'elle accroît le nombre de Reynolds) accélère la formation de l'enveloppe du jet.

La pression d'injection augmente fortement la finesse de la pulvérisation, en même temps qu'elle restreint l'écart entre les dimensions extrêmes des particules (figure III.3) [36]. Lorsque cette pression atteint 80 MPa, les diamètres théoriques des gouttelettes sont compris entre 5 et 12 microns, ce qui permet de brûler des combustibles plus lourds.

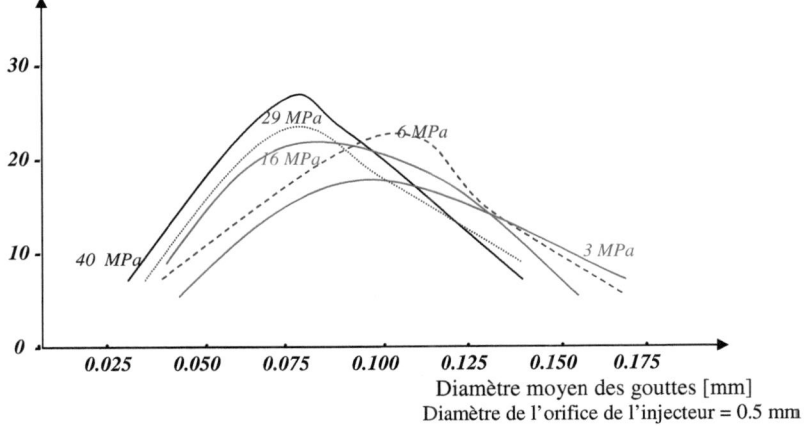

Figure III.3 Effet de la pression d'injection sur la pulvérisation

De nombreuses formules tentent de déterminer les diamètres moyens de particules de forme sphérique en partant de la vitesse de jet, des masses spécifiques, viscosité et tension superficielle du combustible. La forme de ces gouttelettes étant loin d'être sphérique. Toutes ces formules sont vaines, mais elles permettent de déterminer le sens de la variation que provoque une modification donnée de l'un quelconque de ces paramètres.

En règle générale, la dimension moyenne de ces gouttelettes varie en sens inverse de la vitesse d'injection étant entendu qu'il s'agit de la vitesse moyenne, puisque la viscosité du combustible implique que la vitesse est nulle au contact des parois de l'orifice.

La pénétration du jet, c'est-à-dire la distance atteinte en un temps donné par l'extrémité du jet pénétrant dans l'air de la chambre de combustion, dépend :

- de la vitesse du jet, donc de la pression d'injection,
- de la densité de l'air,
- des dimensions de l'orifice,
- à un degré moindre, de la viscosité du combustible.

III.5- INFLUENCE DES DIMENSIONS DE L'ORIFICE DE L'INJECTEUR SUR LE DEVELOPPEMENT DU JET

III.5.1-Injecteur à trous multiples

Dans ce cas, le diamètre des trous est de l'ordre de quelques dixièmes de millimètre. On ne descend jamais au-dessous de 0.2 (usinage, tenue en service). Le diamètre des gouttelettes étant de l'ordre de 0.01, il s'ensuit que contrairement à ce que l'on serait tenté de croire en première analyse, le diamètre de l'orifice influe très peu sur la finesse de pulvérisation.

Un faible diamètre augmente le rapport $\dfrac{\text{surface}}{\text{volume}}$ du jet et homogénéise les dimensions des particules (figure III.4) [36]. Si ce diamètre croit, la pression baisse et la pulvérisation devrait diminuer mais le débit instantané augmentant, la pression se rétablit et la pulvérisation revient au voisinage de sa valeur antérieure.

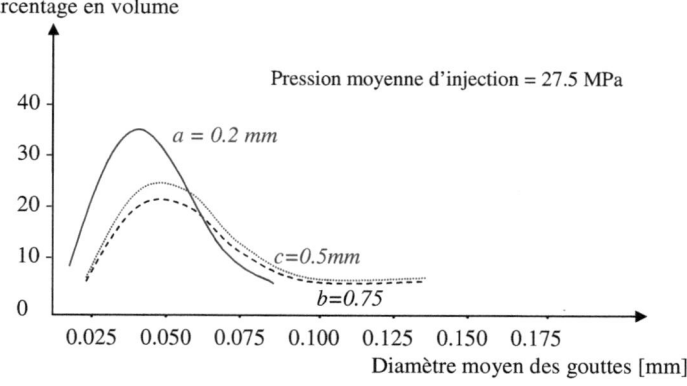

Figure III.4 Effet du diamètre de l'orifice d'injecteur sur la pulvérisation

L'augmentation de diamètre accroît, par contre la pénétration du jet (figure III.5) [36]; celle-ci est maximale lorsque le rapport $\dfrac{\text{longueur}}{\text{diamètre}}$ du canal d'amenée est de l'ordre de 5. Mais pour cette valeur, la dispersion du jet - c'est-à-dire son angle au sommet est faible.

La pérennité du fonctionnement correct d'un injecteur à trous est subordonnée à la concentricité du cône du siège et de l'axe de l'alésage guide de l'aiguille.

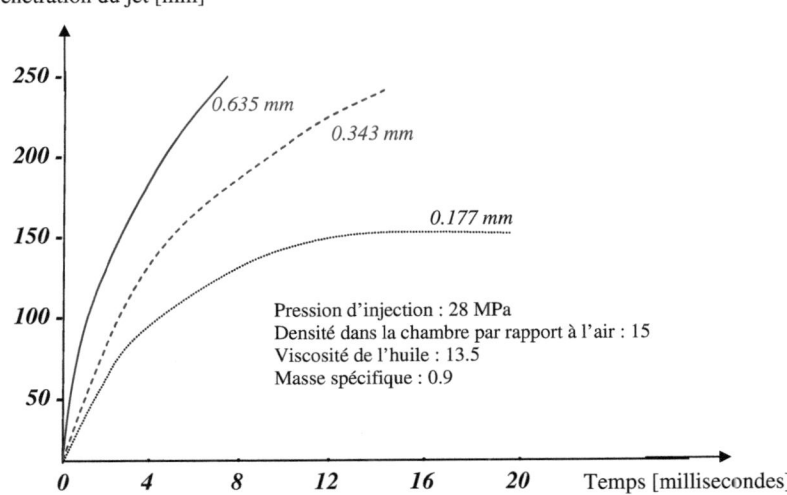

Figure III.5 Effet du diamètre de l'orifice sur la pénétration [36]

III.5.2- Injecteurs à trou unique ou à téton

Dans ce cas, la forme du trou (de 1 à 2 mm de diamètre) a une grande influence sur la pénétration, la pulvérisation et l'angle au sommet du cône du jet. Cet angle, compris en générale entre 4 et 15 degrés, peut atteindre 30 degrés voir 60 degrés, l'uniformité du jet peut être détruite par la moindre imprécision de fabrication dès que l'angle dépasse 12 degrés. La concentricité du téton et du trou est également d'une grande importance.

Les injecteurs à téton (à trou unique) utilisés dans les préchambres des moteurs à injection indirecte peuvent posséder une section de passage variant avec la hauteur de levée de l'aiguille, ce qui facilite la mise au point de la combustion lors du fonctionnement des moteurs à faible vitesse.

Les diamètres de ces orifices doivent, en conséquence, ne pas être inférieurs à 0.25 mm, ce qui peut créer des difficultés dans le cas de moteurs de faible alésage à injection directe.

III.6- INFLUENCE DE LA VITESSE DE ROTATION SUR LE DEVELOPPEMENT DU JET

Si la vitesse de rotation du moteur varie dans le rapport (B), la vitesse instantanée du piston de la pompe d'injection et la vitesse du carburant dans les orifices de l'injecteur varient, toutes deux, dans le même rapport. Il s'ensuit que la pression d'injection varie comme (B^2) ce qui modifie le diamètre des gouttelettes dans un rapport que nous admettons, en toute première analyse, de l'ordre de $\dfrac{1}{B^2}$.

Il s'ensuit que la durée, exprimée en millisecondes de la combustion croit lorsque la vitesse de rotation diminue dans une proportion supérieure au temps, exprimé en degrés de rotation du vilebrequin, alloué à la combustion. La combustion se prolonge donc plus loin, angulairement parlant, au fur et à mesure que (N) moteur diminue. Effectivement, tout moteur a tendance à fumer au régime plein couple, basse vitesse ; en tout cas, sa consommation spécifique est alors plus élevée.

Par surcroît, lorsque le moteur ralentit, la vitesse d'entrée de l'air diminue, ce qui réduit la turbulence, laquelle est un facteur essentiel d'une vitesse de combustion correcte.

En conséquence pour conserver une combustion correcte lors d'un fonctionnement plein couple à vitesse réduite, il est nécessaire que la combustion ait lieu en un temps (t), correspondant au même écart angulaire qu'au régime nominal, ce qui implique que la pulvérisation du combustible devrait rester constante quelle que soit la vitesse de rotation du moteur, c'est-à-dire qu'il faudrait que la pression d'injection soit constante quel que soit le régime du moteur.

III.7- L'EFFET DE LA SURALIMENTATION

Dans un moteur non suralimenté, la masse d'air entrant dans chaque cylindre peut être considérée comme pratiquement constante sur toute la plage fonctionnelle du moteur.

Par contre dans un moteur suralimenté par turbocompresseur, cette masse d'air dépend de la vitesse de rotation du turbocompresseur, laquelle est sous la dépendance du couple et de la vitesse de rotation du moteur.

Lorsque le moteur est équipé avec un régulateur hydraulique, l'action de celui-ci sur la position de la crémaillère de la pompe d'injection peut dépendre de la pression d'air refoulé par le compresseur.

Lorsque le régulateur est un régulateur mécanique incorporé à la pompe d'injection, il faut adjoindre à cet ensemble un dispositif correcteur qui diminue le débit de combustible lorsque la vitesse de rotation du moteur tombe au-dessous d'une certaine vitesse, ce dispositif peut être pneumatique ou mécanique.

A l'opposé, dans certaines applications particulières, un dispositif correcteur à pour mission de diminuer le débit au-dessus d'une certaine vitesse moteur.

CHAPITRE - IV -
MODELE MATHEMATIQUE DE SIMULATION HYDRODYNAMIQUE DE L'INJECTION

IV.1- INTRODUCTION

L'injection du combustible, dans les moteurs diesels, dépend de l'organisation du système de l'injection lui-même, et aussi des propriétés physiques du combustible.

Pour le choix des paramètres optimum du système de l'injection, il faut utiliser les modèles mathématiques de calcul sur ordinateur.

Les systèmes d'injection, composés d'une pompe à piston, d'une conduite et d'un injecteur à trous, sont les plus utilisés dans les moteurs diesels actuels (Figure IV.1).

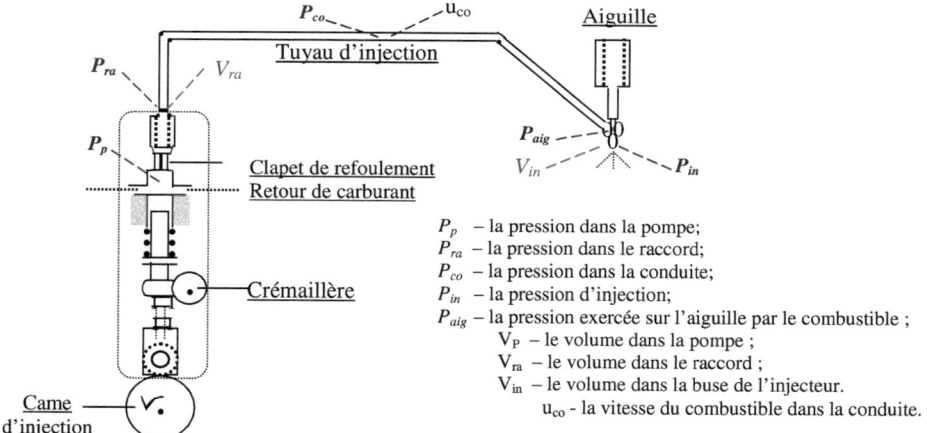

P_p – la pression dans la pompe ;
P_{ra} – la pression dans le raccord ;
P_{co} – la pression dans la conduite ;
P_{in} – la pression d'injection ;
P_{aig} – la pression exercée sur l'aiguille par le combustible ;
V_P – le volume dans la pompe ;
V_{ra} – le volume dans le raccord ;
V_{in} – le volume dans la buse de l'injecteur.
u_{co} - la vitesse du combustible dans la conduite.

Figure IV.1 Représentation des pressions et des volumes en différents points du système d'injection

Les équations mathématiques de l'injection dans ce type de système, sont valables aussi, pour les autres types de systèmes utilisés actuellement dans les moteurs diesels.

IV.2- LE MODELE MATHEMATIQUE DE SIMULATION
IV.2.1- La conduite à haute pression

Une influence considérable, est exercée sur le processus de l'injection, par la conduite à haute pression qui relie la pompe et l'injecteur. L'écoulement unidimensionnel non permanent du combustible dans la conduite, en tenant compte des résistances hydrauliques, peut être décrit par l'équation du mouvement et de la continuité :

$$\left.\begin{array}{l}\rho\dfrac{\partial u_{co}}{\partial t}+\dfrac{\partial P_{co}}{\partial x}+\rho\dfrac{\lambda}{2d_{cn}}|u_{co}|.u_{co}=0\\[2ex]\rho\dfrac{\partial u_{co}}{\partial x}+\dfrac{1}{c^2}\dfrac{\partial P_{co}}{\partial t}=0\end{array}\right\} \qquad (IV.1)$$

Où pour le régime laminaire, le coefficient de résistance hydraulique, d'une unité de langueur *(L)* de la conduite, est :

$$\lambda_{Lam}=\dfrac{64}{\text{Re}}=\dfrac{64.\nu}{|u_{co}|.d_{cn}} \qquad (IV.2)$$

(Re) : le nombre de Reynolds.

et pour le régime turbulent :

$$\lambda_{tur}=\dfrac{1}{\left(1{,}14+2.Ln\dfrac{d_{cn}}{\delta}\right)^2} \qquad (IV.3)$$

Ici : (δ) - la hauteur moyenne des irrégularités de la surface interne de la conduite;

(u_{co}) - la vitesse du combustible dans la conduite ;

(P_{co}) - la pression du combustible dans la conduite ;

(d_{cn}) - le diamètre de la section de passage de la conduite ;

(ν) - le coefficient de la viscosité cinématique ;

(ρ) - la densité du combustible ;

(c) - la vitesse du son dans le combustible.

La dérivée de la première équation en fonction de (x) et de la deuxième, en fonction de (t) dans le système (IV.1), après certaines transformations, permettent d'obtenir l'équation différentielle suivante du deuxième ordre :

$$\frac{\partial^2 P_{co}}{\partial x^2} - \frac{1}{c^2}\frac{\partial^2 P_{co}}{\partial t^2} - \frac{\lambda}{c^2 \cdot d_{cn}}|u_{co}|\frac{\partial P_{co}}{\partial t} = 0 \qquad (IV.4)$$

La méthode des différences finis, est une méthode adaptée pour la résolution de ce genre d'équations, ainsi que pour la programmation sur ordinateur.

IV.2.2- La pompe d'injection et le raccord

Les conditions aux limites, à l'entrée de la conduite à haute pression, sont dictées par la construction de la pompe elle-même, et du régime de son fonctionnement.

Les équations principales des conditions aux limites, sont l'équation de la continuité dans l'enceinte de la pompe, l'équation du mouvement du clapet de refoulement, ainsi que l'équation de la continuité dans l'enceinte du raccord et du clapet de refoulement.

L'équation de la continuité dans l'enceinte de la pompe, reflète le bilan entre :

- la quantité du combustible refoulé par le piston de la pompe, possédant une surface (A_P) et qui se déplace sous l'effet de la came, d'une vitesse $\left(\frac{dh}{dt}\right)$;
- la quantité de combustible qui passe dans l'enceinte de la pompe, à travers une section variable (A_0) des orifices, sous l'effet de la différence de pressions $(P_P - P_B)$;
- la quantité du combustible qui remplie l'enceinte libérée à cause de la montée du clapet de section (A_{cl}) à une vitesse $\left(\frac{dy}{dt}\right)$;
- la quantité de combustible qui passe à travers la section (A_{ra}) entre le clapet et le siège de celui-ci, dans l'enceinte du raccord sous l'effet de l'écart de pression $(P_P - P_{ra})$;
- la quantité de combustible, pour remplir l'enceinte de la pompe (V_P) à cause de la compressibilité du combustible, ainsi :

$$\varepsilon_P . V_P \frac{dP_P}{dt} = A_P . \frac{dh}{dt} - \mu_0 . A_0 \sqrt{\frac{2}{\rho}} \frac{P_P - P_B}{\sqrt{|P_P - P_B|}} - A_{cl} \frac{dy}{dt} - \mu_{ra} A_{ra} \sqrt{\frac{2}{\rho}} \frac{P_P - P_{ra}}{\sqrt{|P_P - P_{ra}|}} \qquad (IV.5)$$

A partir du raccord, une partie du combustible arrivé, passe dans la section d'entrée de la conduite (A_{co}) avec une vitesse (U_0), alors qu'une autre partie est consommée pour remplir le volume de l'enceinte du raccord, libéré à cause de la compressibilité du combustible :

$$\varepsilon_{ra} V_{ra} \frac{dP_{ra}}{dt} = \mu_{ra} A_{ra} \sqrt{\frac{2}{\rho}} \frac{P_P - P_{ra}}{\sqrt{|P_P - P_{ra}|}} + A_{cl}\frac{dy}{dt} - U_0 A_{co} \qquad (IV.6)$$

Dans ces équations, (ε_p) et (ε_{ra}) représentent les coefficients moyens de compressibilité du combustible, dans les enceintes de la pompe et du raccord, et qui dépendent des valeurs de (P_p) et (P_{ra}).

A partir des équations (IV.5) et (IV.6), on obtient les valeurs courantes de la pression dans l'enceinte de la pompe (P_p) et dans l'enceinte du raccord (P_{ra}).

IV.2.3- Le clapet de refoulement

Le clapet de refoulement effectue un mouvement sous l'effet des forces, du coté du combustible et du côté du ressort :

$$m_1 \frac{d^2 y}{dt^2} = A_{cl}(P_p - P_{ra}) - k(y_0 - y) \qquad (IV.7)$$

Ici : (m_1) - est la masse du clapet et du ressort ;
(k) - est la raideur (rigidité) du ressort ;
(y_0) - la position à l'état initial du ressort.

Les surfaces des sections des orifices dans le cylindre de la pompe (A_0), ainsi que les sections (A_{ra}) dans le raccord, dépendent de la montée du plongeur (le piston de la pompe) et de la soupape de refoulement :

$$A_0 = A_0(h)$$
et $$A_{ra} = A_{ra}(y)$$

IV.2.4- L'injecteur

Pour un injecteur à trous, les conditions aux limites, à la sortie de la conduite, sont composées principalement, de l'équation de la continuité dans l'enceinte de l'injecteur (V_{in}) et de l'équation du mouvement de l'aiguille.

Le combustible qui arrive de la conduite dans l'enceinte de l'injecteur avec une vitesse (U_{in}), est consommé:
- pour remplir l'espace libéré lors de la montée de l'aiguille avec une section (A_{aig}) à une vitesse $\left(\frac{dZ}{dt}\right)$;
- pour l'injection d'une quantité de combustible de l'injecteur, à travers les trous, dans le cylindre du moteur, sous l'effet de la différence de pression $(P_{in} - P_{cy})$;

- pour remplir l'espace libéré, à cause de la compressibilité du combustible dans le volume (V_{in}), ainsi :

$$\varepsilon_{in} V_{in} \frac{dP_{in}}{dt} = A_{co} U_{in} - A_{aig} \frac{dZ}{dt} - \mu_{tr} A_{tr} \sqrt{\frac{2}{\rho}} \frac{P_{in} - P_{cy}}{\sqrt{|P_{in} - P_{cy}|}} \qquad (IV.8)$$

L'équation (IV.8) permet d'obtenir la pression (P_{in}) dans l'enceinte de l'injecteur.

L'accélération du mouvement de l'aiguille de l'injecteur, se produit sous l'effet des forces de pressions, du côté du combustible et des forces du ressort :

$$m_2 \frac{d^2 Z}{dt^2} = (P_{in} - P_0)(A_{aig} - A_k) + P_{aig} . A_k - k_1 Z \qquad (IV.9)$$

Ici : (m_2) - la masse de l'aiguille et du ressort ;
(P_0) - la pression du début de la montée de l'aiguille ;
(P_{aig})- la pression exercée sous le cône de l'aiguille ;
(A_k)- la section du cône de l'aiguille ;
(k_1) - la raideur (rigidité) du ressort.

La valeur de la section de passage du pulvérisateur $(\mu_{tr} A_{tr})$ dépend de la montée de l'aiguille.

En qualité de résultats de calcul, il est possible d'obtenir la caractéristique de l'injection : $\left(\frac{dQ}{d\varphi}\right) = f(\varphi)$, sous la forme :

$$\frac{dQ}{d\varphi} = \mu_{tr} . A_{tr} . \sqrt{\frac{2}{\rho}} \frac{(P_{in} - P_{cy})}{\sqrt{|P_{in} - P_{cy}|}} . \frac{1}{6.N} \qquad (IV.10)$$

Ici : (N)- la vitesse de rotation de la pompe.

Après intégration de cette équation, on obtient la caractéristique intégrale de l'injection :
$Q = Q(\varphi)$

IV.2.5- Les données et les résultats de calcul

Pour effectuer les calculs, il faut disposer de :

- La vitesse de la montée $\left(\dfrac{dh}{d\varphi}\right)$ du piston de la pompe, en fonction de l'angle de rotation de la pompe.
- Les sections de passage des orifices d'admission et de retour, en fonction de la montée (la levée) du plongeur

$$A_0 = A_0(h)$$

- Les sections de passage dans la soupape de refoulement et dans le raccord.

La résolution du système d'équations, permet de développer le modèle mathématique sous la forme d'un programme de calcul en langage Fortran, et ainsi obtenir les paramètres de l'injection, comme la pression dans la pompe, dans la conduite et dans l'injecteur, la vitesse du combustible dans la conduite et la quantité de combustible injecté, en fonction de l'angle de rotation de la pompe.

Dans l'annexe et les tableaux suivants, on trouve un exemple des résultats de calcul, de vitesses et de pressions en fonction de l'angle de rotation de l'arbre à cames de la pompe.

Le tableau suivant (IV.1), représente les pressions en MPa, dans la pompe, le raccord et la pression d'injection, ainsi que la hauteur de la montée du clapet et la hauteur de la montée de l'aiguille de l'injecteur en fonction de l'angle de rotation de l'arbre à cames de la pompe. Les résultats du tableau sont par la suite représentés graphiquement (figure IV.1).

Tableau IV.1

Angle de rotation de l'arbre à cames [°ARP]	Pression dans la pompe [MPa]	Pression dans le raccord [MPa]	Pression d'injection [MPa]	Hauteur de la montée de clapet [cm]	Hauteur de la montée de l'aiguille [cm]
3,96	0,588	0,12	0	0	0
24,92	0,876	0,12	0	0	0
25,88	1,43	0,12	0	0	0
26,84	3,26	0,12	0	0	0
27,80	7,92	0,12	0	0.00128	0
28,76	14,2	0,557	0	0.0201	0
29,72	22,7	3,29	0	0.0639	0
30,68	31,3	10,6	0,68	0.130	0
31,64	38,3	22,8	1	0.196	0
32,60	44,4	36,3	1	0.252	0
33,56	51,4	47,8	6,04	0.298	0
34,52	58,5	56,9	12	0.334	0
35,48	64,5	63,8	16,7	0.358	0.00396
36,44	70,3	69,4	23,2	0.396	0.0174
37,40	76,4	75,6	31,1	0.368	0.0372
38,36	79	79,1	39,8	0.354	0.05
39,32	77,2	77,2	47,7	0.323	0.05
40,28	77,4	77	55	0.283	0.05
41,24	78,4	79,1	59,5	0.253	0.05
42,20	72,8	74,8	64	0.185	0.05
43,16	65,1	70,2	73,5	0.153	0.05
44,12	46	63,1	82,2	0.109	0.05
45,08	24,6	56,3	78,7	0.06	0.05
46,04	9,88	53,6	74,8	0	0.05
47,00	0	53,5	64,8	0	0.05
47,96	0	53,4	47,9	0	0.05
48,92	0	53,3	22,1	0	0.05
49,88	0	53,2	15,9	0	0.05
50,84	0	53	4,47	0	0

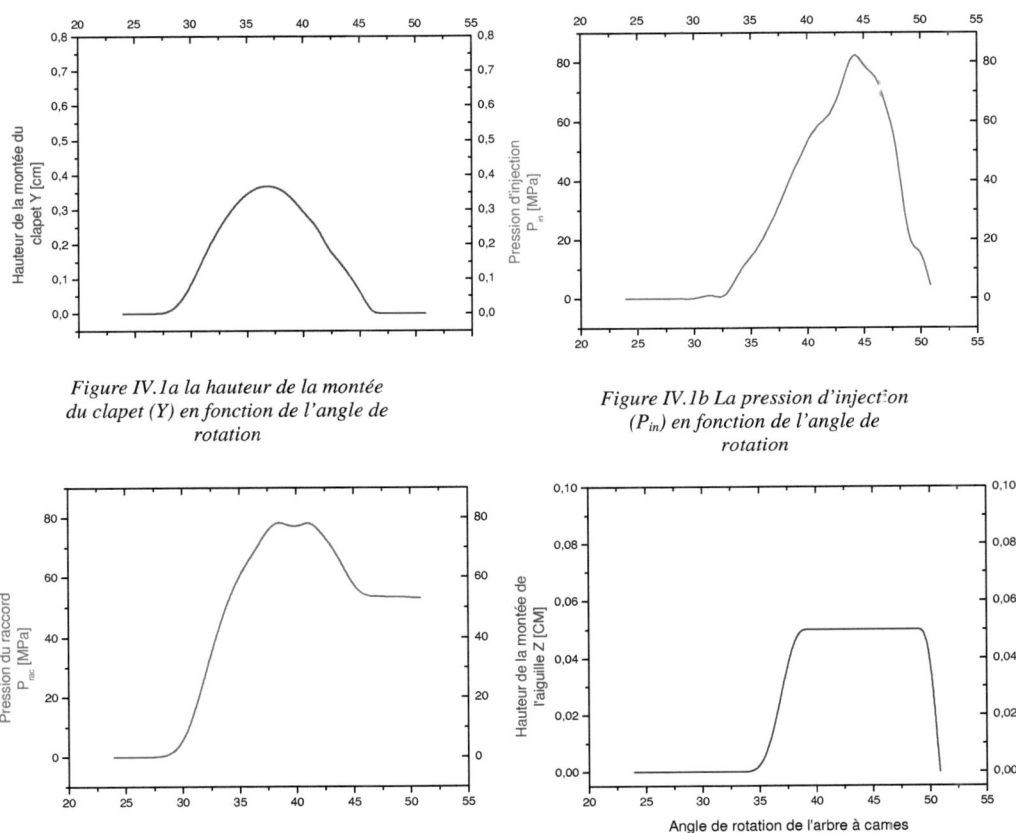

Figure IV.1a la hauteur de la montée du clapet (Y) en fonction de l'angle de rotation

Figure IV.1b La pression d'injection (P_{in}) en fonction de l'angle de rotation

Figure IV.1c La pression du raccord (P_{ra}) en fonction de l'angle de rotation

Figure IV.1d La hauteur de la montée de l'aiguille (Z) en fonction de l'angle de rotation

La Figure suivante (IV.2e), représente La hauteur de la montée du clapet et la hauteur de la montée de l'aiguille, en fonction de l'angle de rotation de l'arbre à cames de la pompe

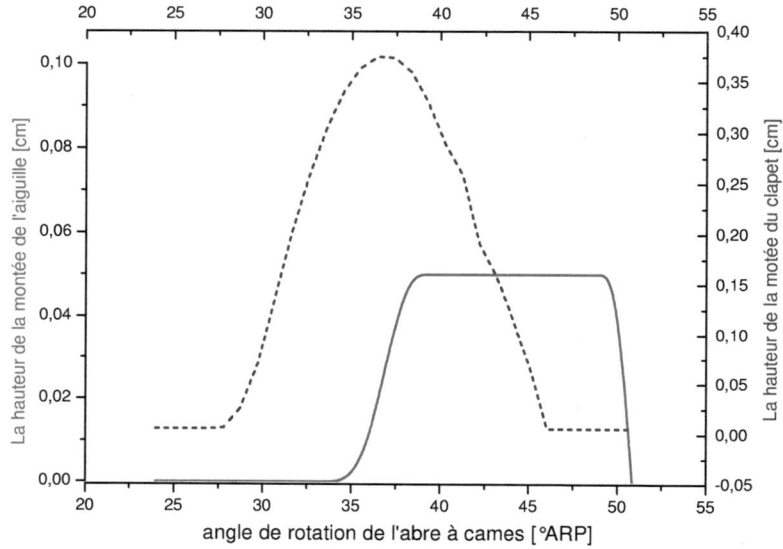

Figure IV.2e La hauteur de la montée du clapet (Y) et la hauteur de la montée de l'aiguille (Z) en fonction de l'angle de rotation de l'arbre à cames de la pompe

Les deux tableaux suivant (IV.2a, IV.2b), représentent l'évolution de la pression dans la conduite dans différentes positions en fonction de l'angle de rotation de l'arbre à cames de la pompe (FIP en °ARP).

Tableau IV.2a

FIP [°ARP]	P0 [MPa]	P1 [MPa]	P5 [MPa]	P9 [MPa]	P13 [MPa]
23,96	0,12	0,12	0,12	0,12	0,12
24,92	0,12	0,12	0,12	0,12	0,12
25,88	0,12	0,12	0,12	0,12	0,12
26,84	0,12	0,12	0,12	0,12	0,12
27,8	0,12	0,12	0,12	0,12	0,12
28,76	0,497	0,406	0,121	0,12	0,12
29,72	3,2	2,83	1,42	0,641	0,293
30,68	10,5	9,65	6,25	3,73	1,96
31,64	22,4	21,3	16,1	11,5	7,73
32,6	35,5	34,4	29,2	23,9	19
33,56	46,5	45,7	42	37,7	32,7
34,52	55,2	54,6	51,4	47,7	43,4
35,48	61,8	61,4	57,6	53,1	50,5
36,44	67,1	66,6	64,3	61,2	56,4
37,4	73	72,6	66,4	60,8	55,5
38,36	76,2	76,4	69,1	60,9	54,4
39,32	74,5	74,6	70,8	67,5	64,4
40,28	74,2	74	73,2	72,6	71,3
41,24	76,2	76,4	76,3	75,7	74,7
42,2	72,2	72,6	74,6	76,2	78,8
43,16	67,8	68,2	71,7	72,4	71,3
44,12	61,1	61,7	59,3	58,4	61,4
45,08	54,6	55,1	56,1	57,2	59,6
46,04	52,1	52,1	57,3	63,2	68,1
47	52	52	57,8	59,5	62,2
47,96	51,9	51,9	51,4	52,5	55,7
48,92	51,8	51,8	52,4	51,6	51,3
49,88	51,7	51,7	49,1	43,9	37,2

Tableau IV.2b

P21 [MPa]	P25 [MPa]	P29 [MPa]	P33 [MPa]	P35 [MPa]	P36 [MPa]
0,12	0,12	0,12	0,12	0,12	0,12
0,12	0,12	0,12	0,12	0,12	0,12
0,12	0,12	0,12	0,12	0,12	0,12
0,12	0,12	0,12	0,12	0,12	0,12
0,12	0,12	0,12	0,12	0,12	0,12
0,12	0,12	0,0595	0,00514	0	0
0,00108	0,0176	0,00137	0,00211	0	0
0,31	0,0182	0,0325	0,409	0,6	0,68
2,93	1,92	1,53	1,15	1	1
10,5	7,09	4,35	2,07	1	1
21,6	15,7	9,76	6,49	5,32	6,04
32,1	28,1	23	15,8	11,7	12
43,7	36,7	28,5	20,3	16,2	16,7
43,3	37,2	31,2	25,4	22,6	23,2
48,3	45,3	42,8	40,6	39,1	39,8
55	52,2	50,4	48,6	47	47,7
67,5	63,3	58,1	56	54,5	55
73,6	72,4	69,3	63,7	59,2	59,5
74,6	70,2	66,1	63,7	63,2	64
69,4	69	70,4	71,5	72,7	73,5
68,1	72,8	77,6	81,5	82,5	82,2
70,5	76	76,1	78,2	79	78,7
66,9	68,2	70,5	74,3	75,4	74,8
67,5	68,7	66,9	66	65,6	64,8
60,6	61	58,5	53	49,3	47,9
42,9	38,5	33,1	26,7	24,3	22,1
22,1	13,1	10,9	14,2	16,3	15,9
10,8	12,4	11,8	9,54	5,51	4,47

Les résultats des deux tableaux précédents, sont représentés graphiquement dans la figure suivante (IV.2):

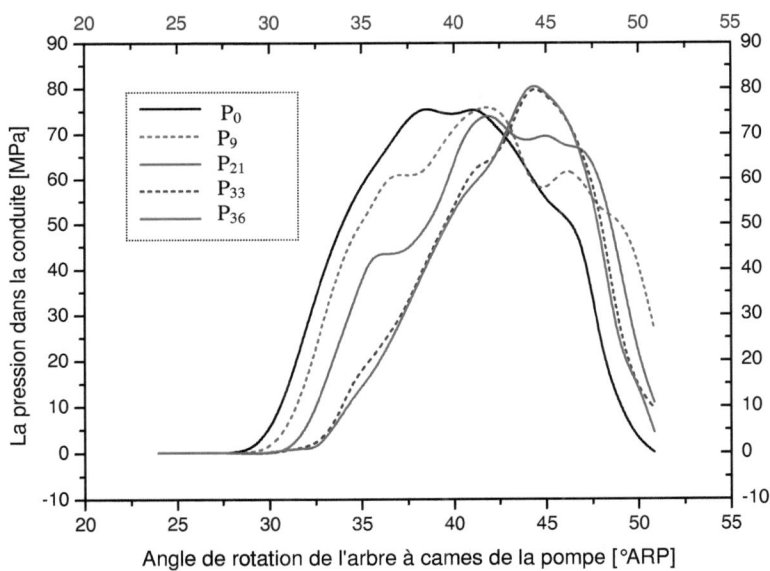

Figure IV.2 Evolution de la pression dans la conduite, dans différentes positions, en fonction de l'angle de rotation de l'arbre

Les deux tableaux ci-dessous (IV.3a) et (IV.3b), représentent l'évolution de la vitesse du combustible dans différentes positions de la conduite en fonction de l'angle de rotation de l'arbre à cames de la pompe (FIP en °ARP).

Tableau IV.3a

FIP [°ARP]	U0 [cm/s]	U1 [cm/s]	U5 [cm/s]	U9 [cm/s]	U13 [cm/s]
23,96	950	950	950	950	950
24,92	950	950	950	950	950
25,88	950	950	950	950	950
26,84	950	950	950	950	950
27,8	950	950	950	950	950
28,76	979	979	957	960	960
29,72	1180	1180	1070	1010	978
30,68	1740	1740	1450	1240	1100
31,64	2650	2650	2180	1780	1450
32,6	3640	3640	3170	2680	2170
33,56	4480	4480	4070	3610	3140
34,52	5140	5140	4870	4590	4300
35,48	5650	5650	5450	5300	4970
36,44	6050	6050	5640	5370	5300
37,4	6500	6500	6540	6710	6770
38,36	6740	6740	6560	6310	6190
39,32	6610	6610	6590	6510	6240
40,28	6590	6590	6500	6350	6140
41,24	6740	6740	6670	6590	6480
42,2	6440	6440	6600	6730	6590
43,16	6100	6100	6240	6500	6950
44,12	5590	5590	6040	6520	6860
45,08	5100	5100	5140	4900	4710
46,04	4910	4910	4900	4810	4680
47	4900	4900	4940	5340	5530
47,96	4890	4890	4760	4890	5130
48,92	4880	4880	4910	5030	5100
49,88	4870	4870	4960	5410	6090

Tableau IV.3b

FIP [°ARP]	U21 [cm/s]	U25 [cm/s]	U29 [cm/s]	U33 [cm/s]	U35 [cm/s]	U36 [cm/s]
23,96	950	950	950	950	950	950
24,92	950	950	950	950	950	950
25,88	950	950	950	950	950	950
26,84	950	950	950	950	950	950
27,8	950	950	950	950	950	950
28,76	960	960	967	970	946	946
29,72	983	982	983	983	929	929
30,68	973	953	950	915	913	913
31,64	1010	859	764	730	897	897
32,6	1320	1030	853	760	882	882
33,56	2240	1850	1580	1200	867	867
34,52	3640	3070	2580	2310	853	853
35,48	4390	4300	4210	4040	839	839
36,44	5390	5380	5320	5180	826	826
37,4	6710	6600	6420	6170	813	813
38,36	6040	5710	5380	5080	800	800
39,32	5210	4940	4780	4510	788	788
40,28	5740	5270	4770	4290	776	776
41,24	6150	5920	5830	5810	765	765
42,2	6670	6930	7100	7000	754	754
43,16	7660	7620	7360	7060	743	743
44,12	6880	6780	6630	6350	733	733
45,08	4640	4570	4880	5020	722	722
46,04	4620	4740	4920	5180	712	712
47	5920	5940	5990	6110	703	703
47,96	5760	6200	6850	7660	693	693
48,92	6200	7140	8160	9150	684	684
49,88	7590	8180	8590	8780	675	675
50,84	6680	6590	6660	6880	667	667

Les résultats des deux tableaux ci-dessus, sont représentés graphiquement dans la figure suivante (IV.3):

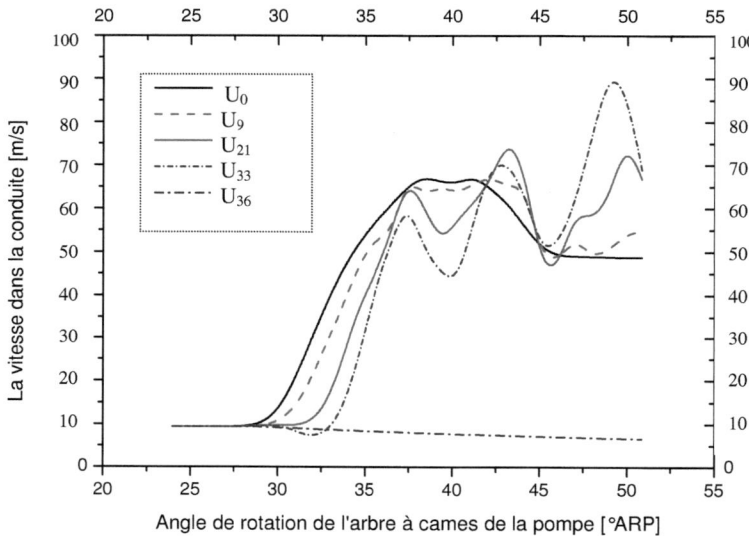

Figure IV.3 Evolution de la vitesse du combustible dans différentes positions de la conduite en fonction de l'angle de rotation de l'arbre à cames de la pompe

Le tableau suivant (IV.4), représente la section des orifices de la pompe, la vitesse du piston, la quantité du combustible et la vitesse du combustible à l'entrée et à la sortie de la conduite en fonction de l'angle de rotation de l'arbre à cames de la pompe (FIP en °ARP)

Tableau IV.4

FIP [°ARP]	Section des orifices de la pompe [cm²]	Quantité du combustible [cm³/c]	Vitesse du piston [cm/s]	Vitesse d'entrée dans la conduite U_0 [cm/s]	Vitesse de sortie de la conduite U_n [cm/s]
23,96	0.0850	0	120	950	950
24,92	0.0712	0	130	950	950
25,88	0.0524	0	137	950	950
26,84	0.0332	0	143	950	950
27,8	0.0188	0	150	950	950
28,76	0.0517	0	157	979	946
29,72	0.0176	0	164	1180	929
30,68	0	0	170	1740	913
31,64	0	0	177	2650	897
32,6	0	0	184	3640	882
33,56	0	0	191	4480	867
34,52	0	0	198	5140	853
35,48	0	18.5	206	5650	839
36,44	0	80.4	213	6050	826
37,4	0	125	220	6500	813
38,36	0	150	226	6740	800
39,32	0	165	236	6610	788
40,28	0	178	244	6590	776
41,24	0	185	247	6740	765
42,2	0.0016	191	234	6440	754
43,16	0.0118	205	223	6100	743
44,12	0.0334	218	217	5590	733
45,08	0.0440	212	206	5100	722
46,04	0.0422	205	187	4910	712
47	0	189	0	4900	703
47,96	0	157	0	4890	693
48,92	0	937	0	4880	684
49,88	0	623	0	4870	675

La Figure suivante (IV.4a), représente la vitesse du piston et la section des orifices de la pompe en fonction de l'angle de rotation de l'arbre à cames de la pompe

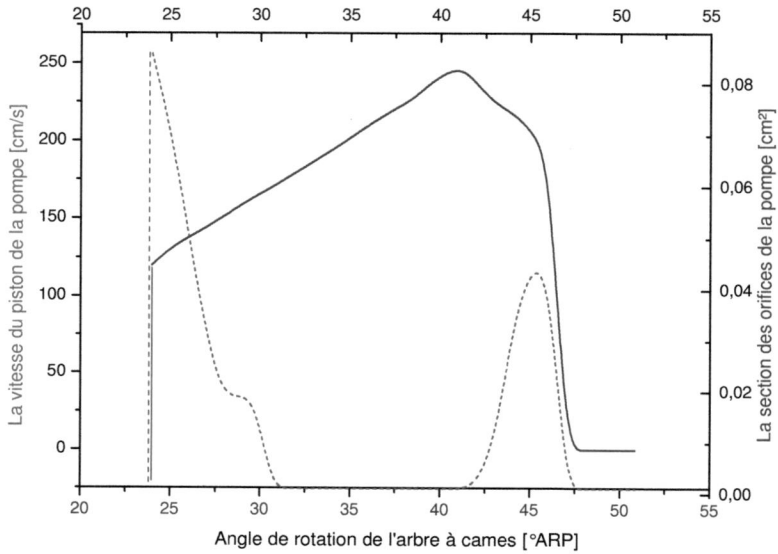

Figure IV.4a la vitesse du piston (dh/dt) et la section des orifices de la pompe (A_P) en fonction de l'angle de rotation de l'arbre à cames de la pompe

La figure suivante (IV.4b), représente la vitesse du combustible, à l'entrée et à la sortie de la conduite en fonction de l'angle de rotation de l'arbre à cames de la pompe

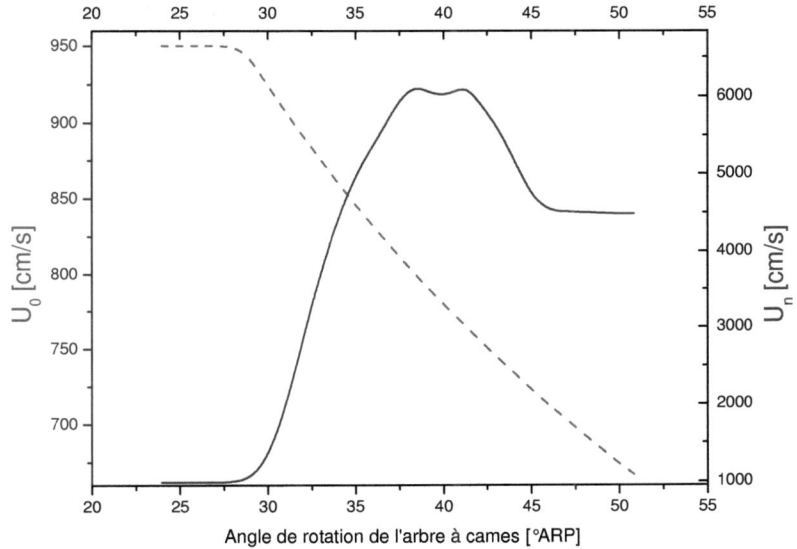

Figure IV.4b la vitesse d'entrée (U_0) et la vitesse de sortie du combustible de la conduite (U_n) en fonction de l'angle de rotation de l'arbre à cames de la pompe

CHAPITRE - V -
L'ETUDE DE L'EFFET DE DIVERS FACTEURS SUR LES CARACTERISTIQUES DE L'INJECTION

V.1- INTRODUCTION

Le modèle mathématique présenté dans le quatrième chapitre, permet de mener une étude sur l'influence de divers facteurs et paramètres du système d'injection, sur la caractéristique de l'injection.

V.2- L'INFLUENCE DES VOLUMES DES ENCEINTES SUR LA CARACTERISTIQUE DE L'INJECTION

L'étude des équations montre que le facteur de compressibilité du combustible, dans le volume de l'enceinte de la pompe (V_P), du raccord (V_{ra}) et de l'injecteur (V_{in}), est le facteur principal qui écarte la loi de l'injection en fonction du temps, de la loi fixée par la came. Ceci est d'autant plus fort, lorsque ces volumes, le coefficient de compressibilité et la dérivée (dP/dt) sont plus grands.

Dans les limites de variation du volume de l'enceinte du raccord (V_{ra}), dans les systèmes d'injection actuels, on peut remarquer que d'autant les volumes du système sont grands, d'autant moins sont le débit et la pression d'injection, assurés par ces systèmes.

Si le volume de l'enceinte du raccord (V_{ra}) varie dans des limites très larges, la délivrée cyclique (V_{cyc}) brutalement diminue avec la croissance du volume (V_{ra}). Mais ceci uniquement jusqu'à une valeur déterminée (généralement jusqu'à V_{ra}= 4 – 5 cm^3). Après cette valeur, l'effet de ce volume sur la délivrée cyclique considérablement diminue, et il devient encore moins, avec la diminution de la vitesse de rotation de la pompe.

Probablement, ceci peut être à cause de la relation qui existe entre le volume du raccord (V_{ra}) et les deux paramètres suivants. Le premier est la quantité du combustible dans la conduite à haute pression, dans un état comprimé. Et le deuxième paramètre est la dérivée (dP_{ra}/dt).

Tant que la quantité du combustible, dans le volume de l'enceinte du raccord (V_{ra}), à l'état comprimé, est plus petite que la délivrée cyclique (V_{cyc}), le paramètre (dP_{ra}/dt) va dépendre sensiblement de (V_{cyc}) et du volume de l'enceinte du raccord (V_{ra}). Ceci est pour la raison que la grande partie de la période de l'injection se déroule au moment de la course active du plongeur, et que la compressibilité du combustible dans l'enceinte du raccord (V_{ra}), provoque, sensiblement la diminution de la délivrée cyclique (V_{cyc}), en diminuant la vitesse de l'introduction du combustible.

Sur la figure (V.1), on peut voir que, comme la croissance de (V_P) et (V_{ra}), la croissance du volume de l'enceinte de l'injecteur (V_{in}), provoque le prolongement et déforme la caractéristique de l'injection.

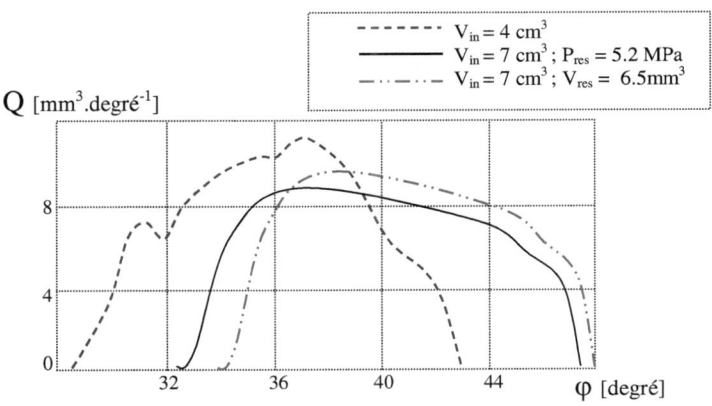

Figure V.1 L'effet du volume (V_{in}) et des conditions initiales sur la caractéristique de l'injection

A des valeurs différentes des conditions initiales P_{res} = 5,2 MPa et P_{res} = 0, (lorsque dans le système, on a un volume résiduel V_{res} = 0.0065 cm^3), les résultats de calcul, présentés par la figure (V.1), montrent qu'à la présence du volume résiduel, le débit du système de quelque peu, diminue, et il se déplace dans le coté du retard de l'angle du début de l'injection. Alors que la forme de la caractéristique de l'injection et le moment de la fin de l'introduction du combustible, reste pratiquement inchangée.

Avec l'utilisation d'un injecteur à téton, l'influence du volume (V_{in}) de quelque peu change. Etant donné qu'à la présence du téton, la section de passage du pulvérisateur, considérablement dépend de la levée de l'aiguille. Ces particularités de construction de l'injecteur, durant l'injection, créent des périodes de déséquilibre du bilan, entre la quantité de combustible introduit et injecté. Pour cette raison, les courbes de la pression et de la caractéristique de l'injection, possèdent un caractère vibratoire clairement exprimé (figure V.2). Et après la fin de l'injection, généralement dans le système, des volumes résiduels se créent.

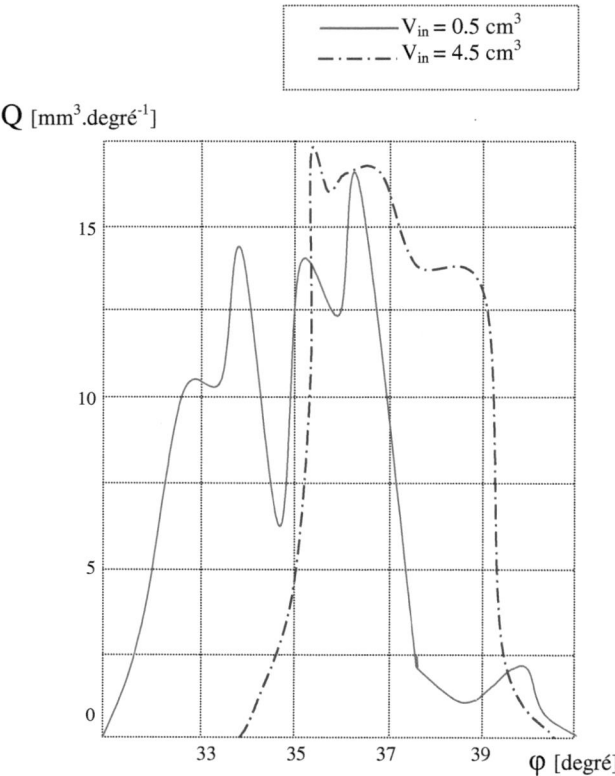

Figure V.2 L'effet du volume (V_{in}) d'un injecteur à téton

Le combustible qui se trouve dans le volume de l'injecteur (V_{in}), à l'état comprimé, commence à se détendre, lors d'un déséquilibre dans le bilan, et ainsi de quelque peut, effectué un lissage dans la variation de la pression. Ainsi avec la croissance du volume de l'injecteur (V_{in}), il est possible par la diminution des ondulations dans la pression du combustible, et dans l'aiguille de l'injecteur, d'assurer une grande section de passage en fonction du temps (section – temps) des orifices et une grande pression moyenne de l'injection. Ceci peut considérablement, diminuer la durée de l'introduction du combustible, et améliorer la caractéristique de l'injection sur différents régimes. Les caractéristiques obtenues par calculs indiquent l'influence du volume de l'injecteur (V_{in}) sur la caractéristique de l'injection, lors du fonctionnement avec un injecteur à téton, montre une certaine amélioration des paramètres de l'injection, avec la croissance du volume (V_{in}) (figure V.2). Cependant cet effet est observé seulement sur quelques régimes. Sur d'autres régimes, la croissance sensible du volume (V_{in}), provoque une diminution considérable de la pression maximale du combustible, ainsi que la dégradation de la caractéristique de l'injection.

Dès lors, il est possible de conclure que d'autant est grand le volume du système, d'autant est moins la maîtrise de l'injection, et d'autant est moins, la pression de l'injection. En même temps, l'utilisation des volumes réduits, nécessite un niveau élevé de technologie de fabrication.

V.3- L'EFFET DU CYLINDRE DU PISTON ET DE LA CAME, DURANT L'INJECTION

Selon les équations, le terme principal dans le bilan de la quantité de combustible dans le système, et qui caractérise l'arrivée du combustible dans la chambre de la pompe, est le produit $(V_P . U_P)$, c'est-à-dire la vitesse de variation du volume décrit par le piston durant son mouvement. Pour cette raison, le cylindre et le piston de la pompe ainsi que la forme de la came de la pompe, qui déterminent le caractère de variation de la vitesse du piston (U_P), ont une influence considérable sur la forme de la caractéristique de l'injection. Pour accroître cette influence, il est nécessaire de diminuer le volume du système.

Lors de la variation combinée des paramètres constructifs (voir figure V.3) du système de l'injection, par exemple, avec l'augmentation de l'alésage du cylindre de la pompe de 12 jusqu'à 16 mm et la section de passage des orifices de l'injecteur de 8 x 0,3 jusqu'à 8 x 0.4 mm, il est possible de réduire la durée de l'injection de 18,5 jusqu'à 13 degrés d'angle de rotation de la pompe, avec une capacité de refoulement de 0,28 g/cycle, ou bien à une durée maintenue constante, accroître la capacité de refoulement du système.

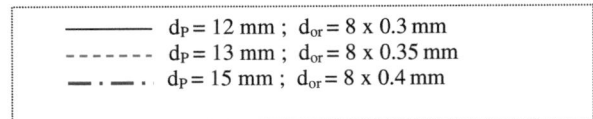

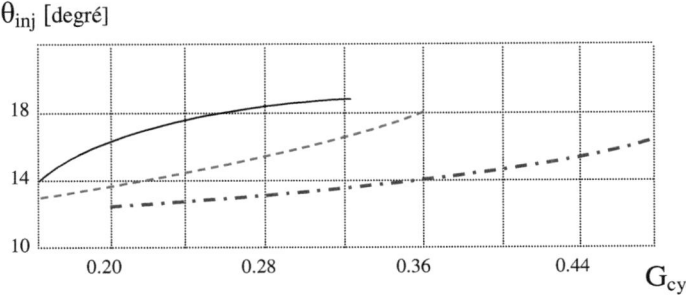

Figure V.3 La durée de l'injection en fonction de (G_{cyc}) a différentes valeurs de l'alésage du cylindre de la pompe (d_P) et du diamètre des orifices de l'injecteur (d_{or}).

Cependant, la possibilité de forcer le système d'injection, en terme de capacité de refoulement et de pression d'injection, par la croissance de l'alésage du piston de la pompe, sont limitées par le danger de l'apparition des post-injections, la croissance des forces d'inerties à cause de la croissance de la masse du piston, la croissance considérable des contraintes mécaniques et aussi la réduction de la course active du piston. Les limites admissibles de la variation de l'alésage de la pompe, dans lesquelles à conditions égales, les post-injections seront absentes, peuvent être déterminés par des méthodes de calcul.

A l'heure actuelle, des cylindres de la pompe, avec des orifices circulaires pour l'introduction et l'évacuation du combustible, sont beaucoup utilisés, et leur technologie de fabrication est très simple. Avec cette forme des orifices de l'admission, l'introduction du combustible dans la conduite à haute pression commence relativement tôt, par rapport à leurs fermetures complètes, et se termine relativement tard, par rapport au début de l'ouverture des orifices de l'évacuation.

En réduisant ou prolongeant la durée de l'avance du début de l'injection, par la variation de la forme des orifices de l'admission, il est possible d'agir sur le déroulement de la partie initiale de la caractéristique de l'injection.

La surface de la section de passage des orifices de l'évacuation, durant l'ouverture, doit brutalement grandir. Cette condition est assurée plus ou moins, lors de l'utilisation des orifices de forme non circulaire. Cependant la fabrication des cylindres avec ce type d'orifices est liée à beaucoup de problèmes technologiques. D'autre part, les orifices ainsi que les arrêtes, doivent être fabriquées avec beaucoup de précision, puisque l'homogénéité de l'introduction du combustible dans les différents cylindres du moteur, dépend de la qualité de leur fabrication.

Lors de la croissance de la puissance du moteur, il est souhaitable d'accroître la vitesse volumique $(V_P.U_P)$, pour améliorer les paramètres de l'injection, surtout sur les régimes des petites introductions et vitesses de rotation, ainsi que pour diminuer la charge sur les pièces de l'entraînement du piston.

V.4- L'EFFET DU CLAPET

La fonction principale du clapet est de séparer le volume de la chambre de refoulement, du reste du système d'injection, durant l'injection. D'autre part, il permet de décharger la conduite de refoulement de la grande pression résiduelle, pour diminuer le danger des éventuelles post-injections.

Cependant, l'influence du clapet ne se limite pas à la réalisation de ces fonctions. Les paramètres de construction du clapet exercent une influence considérable sur le débit du système, sur la relation $V_{cyc} = f(N)$, et sur la stabilité entre les cycles, ainsi que sur d'autres paramètres de l'injection. Les tentatives d'organiser un système d'injection sans clapet, dans la majorité des cas, provoquent la dégradation de fonctionnement de tout le système.

L'influence du clapet sur l'injection, se diffère selon les périodes de son mouvement. Dans la première période lorsque la collerette de réaspiration se trouve dans le canal du siège, le passage direct du combustible du volume (V_P) vers le volume (V_{ra}) est absent. Dans cette période, une part du combustible comprimée par le piston, reste enfermée dans le volume (V_P) à l'état comprimé, et le reste du combustible participe au remplissage du volume libéré durant le mouvement du clapet. L'influence du clapet sur l'injection, s'exprime dans le fait que la vitesse d'admission du combustible dans la conduite est déterminée par la vitesse du mouvement du clapet. Dans la deuxième période du mouvement, lorsque la collerette de réaspiration se trouve hors du canal du siège, à partir du moment de la sortie jusqu'au début de l'écoulement, l'influence du clapet sur l'injection est peu considérable.

A partir de l'écoulement, l'injection dépend considérablement de la vitesse du mouvement inverse du clapet, c'est-à-dire, de la durée de son mouvement, jusqu'au moment de l'entrée de la collerette de réaspiration dans le canal. Si ce mouvement est en ralenti, alors de la conduite de refoulement, une quantité importante de combustible s'écoule, et des conditions favorables se créent pour la décharge. Dans beaucoup de régimes, se déroule une entrée rapide de la collerette du clapet dans le canal, et ainsi la décharge de la conduite de refoulement, par les orifices de décharge, est moins considérable. Dans ce cas, la collerette de réaspiration doit posséder des dimensions assez grandes, puisque si non, on constate des post-injections.

Ainsi, dans la troisième période de mouvement, le clapet peut avoir considérablement une influence, comme sur le caractère de la fin de l'injection courante, comme sur les conditions initiales de l'injection postérieure. Si dans cette période, l'injection se prolonge, alors la vitesse d'atterrissage du clapet sur le siège aura une influence sur le caractère de la fin de l'injection. Et par conséquent, le clapet principalement, a une influence sur la décharge du système, du combustible comprimé dans celui-ci. Les démarches orientées dans le sens de l'amélioration de la caractéristique de l'injection, à l'aide du clapet, généralement, sont déterminées par son influence sur la décharge de la conduite de refoulement et sur la formation des conditions initiales de l'injection postérieure. Par exemple, avec l'augmentation du jeu entre la collerette de décharge et la paroi du canal, ou encore à la présence d'un orifice à la place du jeu, une partie du combustible peut s'écouler par ce jeu. Et donc l'accélération du clapet, durant la sortie de la collerette de décharge du canal, sera moins considérable et surtout à des petites vitesses de rotation. Et par conséquent, le clapet monte à une hauteur plus inférieure, ce qui peut diminuer la décharge de la conduite de refoulement et augmenter le débit du système.

Dans les systèmes d'injections modernes, une grande importance est réservée à la distribution uniforme du combustible entre les différentes sections du système. Le moyen le plus simple, et au même temps le plus efficace pour assurer cet objectif, est d'augmenter le serrage initial du ressort du clapet. Ainsi, on peut augmenter la pression dans la chambre de refoulement, et diminuer la durée de la deuxième période.

V.5- L'EFFET DE LA CONDUITE DE REFOULEMENT SUR LA CARACTERISTIQUE DE L'INJECTION

La tâche principale de la conduite de refoulement, est d'amener le combustible jusqu'à l'injecteur, à l'aide du transfert de l'impulse formé à la sortie de la pompe, et qui se déplace dans la conduite avec la vitesse du son. La vitesse de déplacement du combustible, varie non seulement en fonction du temps, mais aussi, avec la position dans la conduite.

L'amplitude de la pression et de la vitesse, augmente brutalement après le début de l'écoulement. Dans cette période, surtout, considérablement varie la vitesse du combustible. Dans certains moments, à la fin de la conduite, le combustible s'écoule dans un sens, et dans une petite partie à l'intérieur, le combustible peut s'écouler dans le sens inverse; ce qui peut engendrer la possibilité de création de rupture de la continuité, non seulement, à la pompe et l'injecteur, mais aussi, à l'intérieur de la conduite.

L'influence des paramètres de construction de la conduite de refoulement sur la caractéristique de l'injection, peut être étudiée par calcul.

L'influence de la conduite de refoulement sur le débit, dépend de deux facteurs. Le premier est la différence d'amplitudes, de l'onde de retour, formé au moment considéré à l'injecteur, avec celle arrivée vers celui-ci en partant de la pompe. Le deuxième est la section de passage de la conduite elle-même. Le signe de la différence d'amplitudes montre le caractère de l'influence de ce facteur sur le débit du système. Si la différence est négative, alors une part du combustible refoulé par le plongeur reste dans le volume de la conduite dans un état comprimé. Alors que, si cette différence est positive, le combustible comprimé se détend, ce qui à ce moment considéré, peut être une source supplémentaire de l'alimentation des orifices de l'injecteur.

L'étude de l'influence des paramètres de la conduite sur la caractéristique de l'injection, montre que pour chaque système d'injection, il est souhaitable de mener le choix d'un diamètre optimal de la conduite. Ainsi à partir de la figure (V.4), on peut voir que pour le système étudié, le diamètre de la conduite $d_{cn} = 3$ mm est l'optimal. La variation du diamètre provoque la diminution du débit du système et de la pression d'injection.

A l'aide de la variation du diamètre de la conduite, on peut influencer les post-injections, qu'on peut considérablement diminuer et parfois même supprimées.

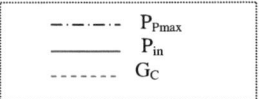

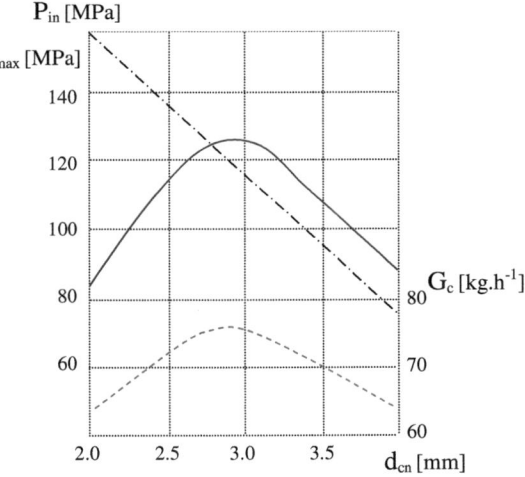

Figure V.4 Les paramètres de l'injection en fonction du diamètre de la conduite

L'influence de la longueur de la conduite est moins considérable. Lorsque le volume du système est assez grand, la croissance de la longueur de la conduite peut provoquer seulement, le déplacement des phases de l'injection. La caractéristique de l'injection elle-même, ne varie pas considérablement, (voir figure V.5). Elle se déplace uniquement, de quelque peu en phase. A des petits volumes du système, la croissance de la longueur de la conduite peut sensiblement changer la décharge de la conduite, et donc les conditions initiales de l'injection postérieure.

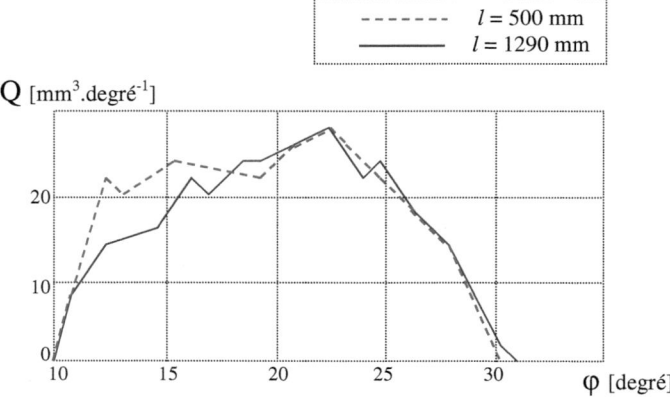

Figure V.5 L'effet de la longueur de la conduite sur la caractéristique de l'injection

V.6- L'INFLUENCE DE LA VITESSE DE ROTATION DE LA POMPE SUR L'INJECTION

Le caractère de variation $V_{cyc} = f(N)$, dépend principalement de la qualité de passage du combustible à travers les orifices de la pompe. Avec la croissance de la vitesse de rotation, une quantité peu importante de combustible peut s'échapper, et donc par étranglement dans les orifices du cylindre, la délivrée cyclique augmente.

On peut influencer la forme de la caractéristique $V_{cyc} = f(N)$, par l'introduction d'un orifice supplémentaire, ou bien par la croissance du jeu dans le clapet.

Sur la figure (V.6), on peut voir des caractéristiques $G_{cyc} = f(N)$, avec des plongeurs à différents diamètres de l'orifice du canal dans le plongeur. A l'aide de la variation de la section de passage dans le canal du plongeur, on peut varier la forme de la relation $V_{cyc} = f(N)$ dans un large intervalle.

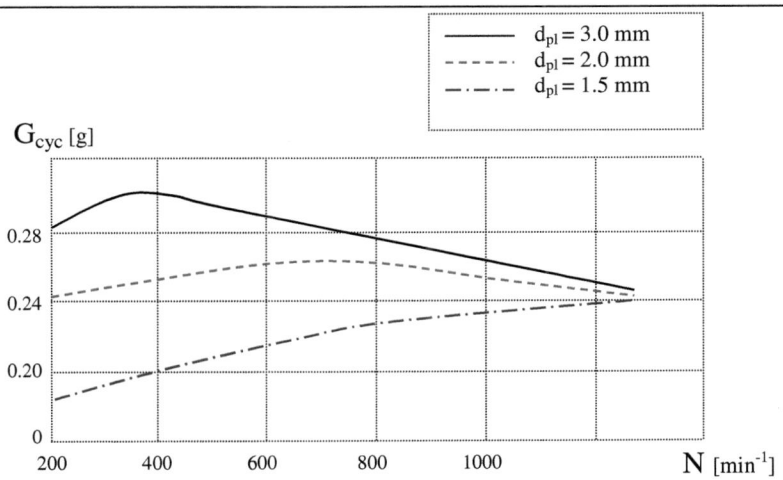

Figure V.6 Les paramètres de l'injection en fonction de la vitesse de rotation a différents valeurs du diamètre de l'orifice du canal (d_{Pl})

CONCLUSION GENERALE

- Les systèmes d'injection, composés d'une pompe à piston, d'une conduite et d'un injecteur à trou, sont les plus utilisés dans les moteurs diesels actuels.

- La pompe d'injection joue un rôle très important dans l'injection, car elle optimise la durée d'injection, la quantité nécessaire et la pression suffisante pour en garantir le fonctionnement.

- L'injecteur, introduit dans le cylindre moteur à un instant donné et pendant un temps donné extrêmement court une quantité donnée et très faible de combustible et de l'y répartir en un état pulvérisé donné.

- Pour le choix des paramètres optimum du système de l'injection, il faut utiliser les modèles mathématiques de calcul sur ordinateur.

- La résolution du système d'équations des lois de la conservation, permet de développer un modèle mathématique sous la forme d'un programme de calcul en langage Fortran. Ce qui permet ensuite d'obtenir les paramètres de l'injection, comme la pression dans la pompe, dans la conduite et dans l'injecteur, la vitesse du combustible vers la conduite et la quantité du combustible injecté, en fonction de l'angle de rotation de l'arbre à cames de la pompe.

- Le modèle mathématique offre la possibilité de mener une étude sur l'influence des divers facteurs et paramètres du système d'injection, sur la caractéristique de l'injection. L'étude permet en particulier, de conclure que :

- Autant les volumes du système sont grands, d'autant moins sont le débit et la pression d'injection.
- L'utilisation des volumes réduits, nécessite un niveau élevé de technologie de fabrication.
- A l'aide de la variation du diamètre de la conduite, on peut influencer les post-injections, qu'on peut considérablement diminuer et parfois même supprimées.
- Les pressions d'injection sont d'autant plus élevées que les sections des orifices d'injection sont plus réduites.

- L'injection dure plus longtemps que le refoulement.
- La durée du délai d'injection croit avec la longueur de la tuyauterie.

- Si le diamètre du trou de l'injecteur croit, la pression baisse et la pulvérisation devrait diminuer.
- Lors de la croissance de la puissance du moteur, il est souhaitable d'accroître la vitesse volumique, pour améliorer les paramètres de l'injection, surtout sur les régimes des petites introductions et vitesses de rotation, ainsi que pour diminuer la charge sur les pièces de l'entraînement du piston.
- Dans les systèmes d'injections modernes, une grande importance est réservée à la distribution uniforme du combustible entre les différentes sections du système. Le moyen le plus simple, et au même temps le plus efficace pour assurer cet objectif, est d'augmenter le serrage initial du ressort du clapet.

REFERENCES BIBLIOGRAPHIQUES

[1] – Science et technique du moteur diesel industriel et de transport, R.Brun, tome 1, Editions Technip, 1981.

[2] – Le moteur à quatre temps et l'équipement d'injection, M.Desbois, R.Armao, B.Vieux, tome 3, Editions Foucher, 1990.

[3] – Les moteurs à combustion interne, Dr.Benabbassi, Editions El Maarifa, Algerie, 2002.

[4] – Moteurs Diesel, Editions Technique pour l'automobile et l'industrie (E.T.A.I).

[5] – Carburant et Moteurs, Jean Claude Guibet, Emmanuelle Faure, tome 1, Editions Technip.

[6] – Introduction à l'étude de l'injection dans les moteurs à piston, journal de la S.I.A Brun, juillet 1970

[7] – Les combustibles pour moteurs à allumage par compression, la technique moderne, Vichnievsky, décembre 1954.

[8] – Influence du type d'injecteur et des conditions de fonctionnement sur la pulvérisation et la répartition du jet de combustible, Lee, NACA, rapport 425, 1932.

[9] - Considération de similitude au sujet des exigences de pulvérisation de combustible des moteurs diesel, journal de S.I.A, Knight, décembre 1966.

[10] – Pénétration du jet de combustible, collège de l'état de Pennsylvanie, Schweitzer, 1937.

[11] - Méthode d'investigation des mélanges atomisés dans les moteurs diesel, résumé dans techniques mondiales, Pischinger, Août – septembre 1955.

[12] - Injection diesel dans les domaine industriel, journal de la S.I.A, Clifton et Gratzmuller, Mars 1970.

[13] – Calcul d'un système d'injection de fuel, Knight, IME, 1960.

[14] – Une pompe d'injection auto – régulatrice à piston unique, journal de la S.I.A, Grandvarlet, Août 1951.

[15] – Méthodes de mesures des dimensions des gouttelettes des jets de combustible, journal de la S.I.A, XYZ, Août 1952.

[16] – détermination des caractéristiques des systèmes d'injection en tenant compte de la post d'injection et de la formation d'espaces vides, Hakki OZ, janvier 1967.

[17] – Etude des causes des fumées à l'échappement des moteurs diesel, shell petroleum traduit par shell Berre, Barrett.

[18] – La mesure de la température de la base des injecteurs de moteurs diesel. Engineering, Joseph 1960.

[19] – Recherches effectuées par la SNCF sur le fonctionnement des injecteurs des moteurs diesel, journal de la S.I.A, Olive 1942.

[20] – Sujétions et impératifs de l'entretien du matériel d'injection, journal de la S.I.A, Subit 1958.

[21] – Combustibles possibles pour un moteur diesel. Points de vue du constructeur. Journal de la S.I.A, Subit août 1955.

[22] – Etude des variations de flux dans les conduites tubulaires où s'effectue l'injection. V.D.I, Kurzhais 1957.

[23] – Les caractéristiques de pression dynamique de l'équipement d'injection des moteurs diesel à grande vitesse. The Oil Engine and Gas Turbine, Petrook 1961.

[24] – Usure par cavitation dans le matériel d'injection, communication A 28, congrès CIMAC, Huber et Alii 1971.

[25] – Influence de la suralimentation sur l'équipement d'injection, journal de la S.I.A, Pigeroulet novembre 1974.

[26] – Evolution des pompes d'injection pour répondre aux exigences des moteurs diesel modernes de véhicules, journal de la S.I.A, Pigeroulet janvier 1978.

[27] – Contrôle électronique d'injection, communication D 33, congrès CIMAC, Little et Scott 1981.

[28] – Critères du contrôles quantitatifs d'injection de diesel suralimentés, communication D 2, congrès CIMAC, Frankle 1981.

[29] – Pompes d'injection pour fuel, communication D 11, congrès CIMAC, Herzog et Stipek 1981.

i want morebooks!

Buy your books fast and straightforward online - at one of world's fastest growing online book stores! Environmentally sound due to Print-on-Demand technologies.

Buy your books online at
www.get-morebooks.com

Achetez vos livres en ligne, vite et bien, sur l'une des librairies en ligne les plus performantes au monde!
En protégeant nos ressources et notre environnement grâce à l'impression à la demande.

La librairie en ligne pour acheter plus vite
www.morebooks.fr

 VDM Verlagsservicegesellschaft mbH
Heinrich-Böcking-Str. 6-8   Telefon: +49 681 3720 174   info@vdm-vsg.de
D - 66121 Saarbrücken   Telefax: +49 681 3720 1749   www.vdm-vsg.de

Printed by Books on Demand GmbH, Norderstedt / Germany